U0453352

人的实践与美的哲学思考

Human Practice and Philosophical Reflections on Beauty

铁锚 | 著

中国社会科学出版社

图书在版编目（CIP）数据

人的实践与美的哲学思考／铁锚著．—北京：中国社会科学出版社，2021.7（2022.10重印）

ISBN 978-7-5203-8750-7

Ⅰ.①人… Ⅱ.①铁… Ⅲ.①美学—研究—中国 Ⅳ.①B83-092

中国版本图书馆 CIP 数据核字（2021）第 138202 号

出 版 人	赵剑英
责任编辑	郭　鹏
责任校对	刘　俊
责任印制	李寡寡

出　　版	中国社会科学出版社
社　　址	北京鼓楼西大街甲 158 号
邮　　编	100720
网　　址	http://www.csspw.cn
发 行 部	010-84083685
门 市 部	010-84029450
经　　销	新华书店及其他书店
印刷装订	北京君升印刷有限公司
版　　次	2021 年 7 月第 1 版
印　　次	2022 年 10 月第 2 次印刷
开　　本	787×1092 1/16
印　　张	8.25
插　　页	2
字　　数	131 千字
定　　价	98.00 元

凡购买中国社会科学出版社图书，如有质量问题请与本社营销中心联系调换
电话：010-84083683
版权所有　侵权必究

序

为什么我们仍需要马克思主义？因为我们每一个人都是现实的人、实践的人、社会的人，不可避免地要面对人、时代和社会的种种困境，而马克思主义作为科学的世界观和方法论，能够为我们提供认识和解决这些困境的一种立场、观点和方法。尤其是对当代中国人来说，置身于中华民族伟大复兴的战略全局和世界百年未有之大变局的历史交汇点上，面对纷繁复杂的社会万象与人生百态，学习研究一点马克思关于人的本质、美的根源和人的解放等哲学美学思想，对于形成积极的世界观、人生观和价值观，涵养知识分子理应具有的家国情怀和人文关怀，以更大的格局和视野来理解人类文明与时代问题，无疑是大有裨益的。

马克思主义认为，人类的本质是自由自觉的生产劳动和社会实践，由这样的生产劳动和社会实践创造了人，也创造了人类的历史，创造了艺术和美，美的产生和美感的生成都是人的有意识的生命活动的结果。但在资本主义生产条件下，人的劳动成为劳动力商品，从而造成人的本质异化，劳动成为一种外在的、束缚人的自由而全面发展的活动，所以人需要解放，需要从生产力不发达和生产关系不平等的社会中解放出来，需要充分发挥人的全部感官机能去认识和把握对象世界并在改造对象世界中肯定自己，成为可以"上午打猎，下午捕鱼，傍晚从事畜牧，晚饭后从事批判，但并不因此就使我成为一个猎人、渔夫、牧人或批判者"的自由而全面发展的人。

纵观人类社会的发展，我们不难发现，15世纪以后，人类通过文艺复兴、宗教改革和启蒙运动等活动从封建神权的统治下解放了出来，并通过地理大发现、工业革命和法国大革命等一系列经济和社会领域的深刻变革极大地推动了社会生产力的发展，如马克思、恩格斯在《共产党宣言》中所言："资产阶级在它的不到

序

一百年的阶级统治中所创造的生产力,比过去一切世代创造的全部生产力还要多、还要大。"但随之而来的资本全球殖民扩张给生产力落后的国家和民族带来了灾难,经济剥削、贫富分化、社会撕裂以及真善美的割裂、无根化的生存状态和单向度的人等等一系列问题在全球各地出现,促使人们不断重新认识和理解马克思主义。10 年前,93 岁高龄的英国著名马克思主义史学大家埃里克·霍布斯鲍姆(Eric Hobsbawm)出版了《如何改变世界:马克思和马克思主义的传奇》一书,其中说:"在我们的世界中,资本主义已经让人想起,它的未来之所以遭到了怀疑,不是因为社会革命的威胁,而是因为它的无拘无束的全球运作的性质。"在全书的结尾,霍布斯鲍姆旗帜鲜明地提出:"现在又是应该认真地对待马克思的时候了。"

也是在 10 年前,两位日本教授内田树和石川康宏的书信往来集《青年们,读马克思吧》问世,书中有这样一段话:"读马克思会让我们感觉自己的脑子变得非常灵光。年轻人为了成为成熟的成年人要读马克思;为了成为对弱势和贫穷的人有共鸣、怜悯、良心的成年人,更要读马克思。"

2021 年,恰逢以马克思主义为理论指导的中国共产党诞生 100 周年,对每一个中国人来说更应该读马克思。这本《人的实践与美的哲学思考》,可以从哲学和美学的角度帮助人们读懂马克思,让人们从中感受到马克思主义的"灵光"及其对人类解放的大悲大愿。这自然是因为马克思主义本身所具有的真理维度和价值维度,但这本薄薄的小册子对其真理与价值的阐释,也一定会从某种程度上有助于人们的理解。因为作者铁锚不仅所学专业是美术和科技哲学,而且还在高校讲授马克思主义理论课程多年,他在教学和科研工作中的所感所思、所悟所研,自有其独到之处,相信读者自会有所体会。

是为序。

宋修见
2021 年初夏

前　言

　　习近平总书记在文艺座谈会讲话中强调，艺术工作者要牢固树立马克思主义文艺观，艺术批评要坚持以马克思主义文艺理论为指导。这是对文艺及其文艺理论工作者提出的基本要求。

　　尽管马克思、恩格斯没有为我们留下一部专门的关于艺术以及美学的著作，但是他们继承了德国古典哲学向来重视美学和艺术研究的传统，即便是在论述经济学和哲学问题时，特别是《1844年经济学—哲学手稿》中在阐述劳动的异化、分析私有制社会的矛盾和论证共产主义的建立时，也有不少地方都论及了美、美感和艺术问题，这为我们研究马克思主义美学提供了直接的思想素材。

　　其次，任何美学理论的构建都有自己的哲学体系做基础。马克思主义美学自然是以马克思主义的辩证唯物主义和历史唯物主义作为基础的。而马克思主义哲学正是在继承和批判德国古典哲学基础上发展起来的，马克思主义美学也从德国古典美学中汲取了营养，因此，本书在讨论人的本质及其实践活动，以及在讨论美的本质问题时，均是从德国古典哲学和美学入手的。

　　还需要说明的是，怎样对待马克思《1844年经济学—哲学手稿》中的美学思想，在我国美学界向来是有着巨大争议的。本书也没有回避这一问题，而是遵照马克思说的"真理通过论战而确立，历史事实从矛盾的陈述中清理出来"的思想原则，对《手稿》中的美学问题展开了充分的说明和讨论，不当之处，还望读者批评指正。

前　言

　　马克思说过:"社会的进步就是人类对美的追求的结晶。"那么，无论我们讨论人的本质，人的实践，还是人们对美的追求，归根结底，都是在探寻人类的解放道路。因此，本书最后一部分从资产阶级文艺复兴时期人性的解放谈起，说明了资产阶级关于"人的解放"的局限性，只有通过无产阶级革命，实现共产主义，才能达到全人类解放的目的。

目　录

001/ 第一辑　人及其实践活动
　　德国古典哲学　/006
　　人本主义　/028
　　马克思主义　/035
　　存在主义　/040
　　实践的人　/046

055/ 第二辑　美的哲学
　　德国古典美学　/056
　　青年马克思的美学思想　/079

103/ 第三辑　人的解放
　　文艺复兴与人性解放　/104
　　启蒙运动与个性解放　/110
　　马克思关于人的本质异化　/113
　　马克思主义关于人类解放　/118

123/ 主要参考书目

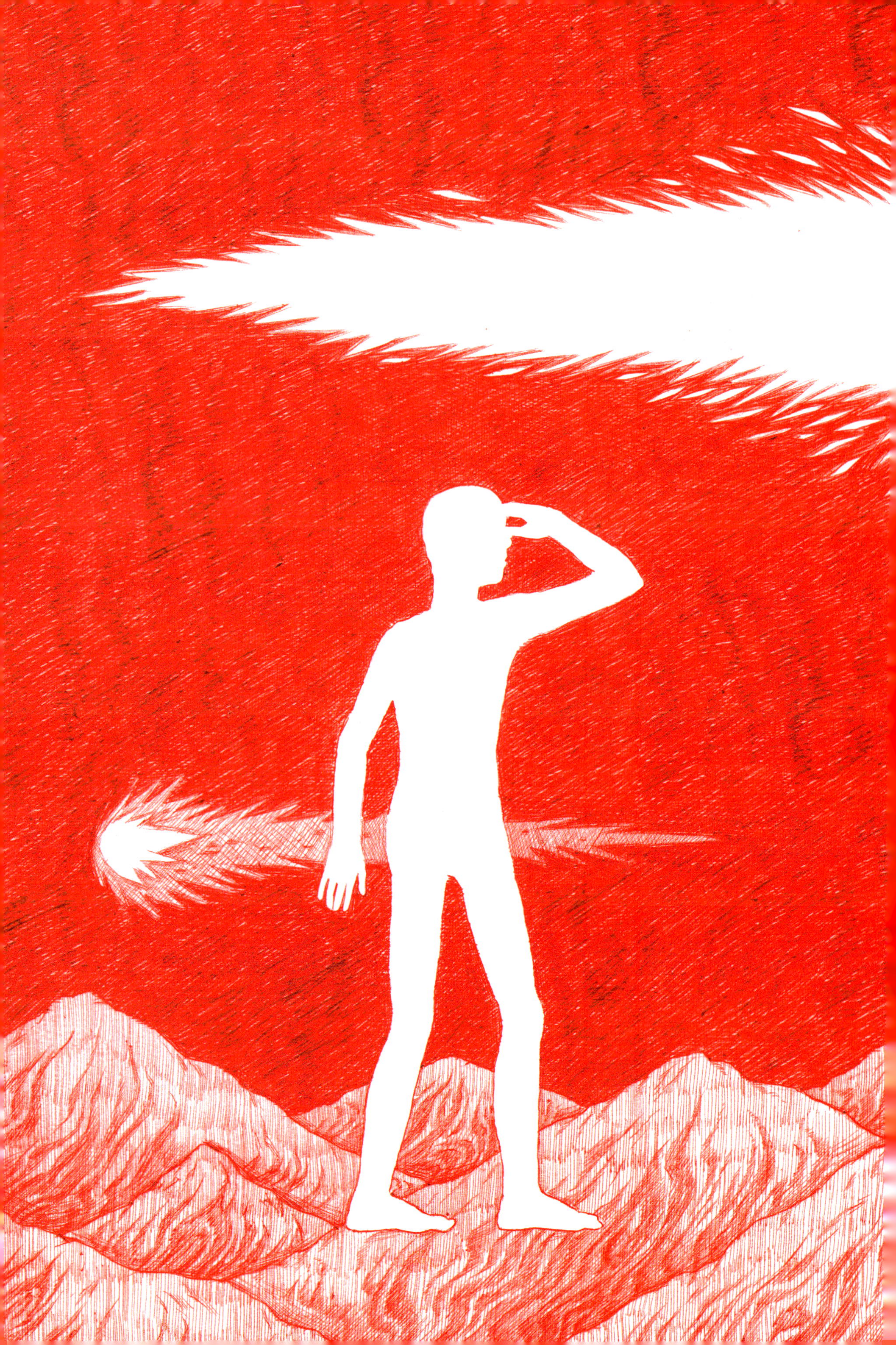

第一辑　人及其实践活动

哲学家们只是用不同的方式解释世界，而问题在于改变世界。

——马克思

006/　德国古典哲学

028/　人本主义

035/　马克思主义

040/　存在主义

046/　实践的人

第一辑　人及其实践活动

在讨论美的哲学问题之前，我们之所以首先从最基本的哲学问题谈起，就在于没有哲学认识，也许我们能够感知美，但却无从去深刻认识和审视美，甚至可以说，美的问题本身就是哲学问题。

从艺术史、美学史的发展进程来看，迄今为止，美学理论几乎都形成于各自的哲学体系之中，并成为该哲学体系的一个有机组成部分，无论这种哲学体系是唯心主义的还是唯物主义的。因此，中外美学史名家几乎都是哲学家，至少是具有深邃的哲学思维能力的人。

比如，《人性论》是休谟的一部重要的哲学著作，他在该著作的第一部分首先就把人的本质归结为哲学问题。① 他认为，连同自然科学在内，所有其他科学都是建立在人的感觉、思维诸种能力基础上的；各种具体科学只与人的某种能力相关，而哲学则研究人的所有能力，是人的所有能力的总论。因此，他直接断言，哲学就是一种关于人的科学。确定了这种哲学认识以后，在该书的第二部分，他便对美学问题展开了自己的论述。② 关于美的本质，休谟认为："美只是产生快乐的一个形相，正如丑是传来痛苦的物体部分的结构一样；而且产生痛苦和快乐的能力既然在这种方式下成为美和丑的本质，所以这些性质的全部效果必然都是由感觉得来的。"③ 可见其哲学认识与对美的认识是一致的。

哲学是人们对于整个世界（包括人类社会与自然），对于一切事物的最根

---

① 即第一卷本《论知性》，重点阐述认识论，主要说明了知识的起源、分类和范围，人的认识能力和界限，以及推理的性质和作用等内容。
② 即第二卷本《论情感》。在美学成为专门学科之前，哲学家们在美学问题中讨论得最多的，正是感觉与情感这些与美和艺术相关的能力。
③ 休谟：《人性论》，商务印书馆1980年版，第334页。

本的观点,"美"自然包含其中。那么,人们对"美"究竟有什么样的根本观点呢?也就是说,人是怎样认识美的本质的呢?无论是人所创造的艺术之美,还是大自然固有的天然之美,都是由人来审视的。不同的人又有着不同的审美观念、审美取向和审美能力。这就是说,要搞清美的本质就不能不首先搞清审美主体(人)的本质。

德国哲学家舍勒尔在他的一篇《论人的观念》的文章中说:"就某种理解来说,哲学的一切中心问题都可以归结为人是什么的问题。"[①] 今天科学的发展,已经很少有人会相信,人是上帝用自己的肋骨,按照自己的模样造出来的。那么,人是什么呢?

古希腊神话传说中有一个叫斯芬克斯的狮身人面,长有一对翅膀的怪物,她常常坐在古希腊的忒拜城邦附近的悬崖上,拦住过往的路人,用她的师傅缪斯女神所传授的谜语考问人,猜不中者就会被她吃掉。这个谜语是:"什么动物早晨用四条腿走路,中午用两条腿走路,晚上用三条腿走路?它脚最多的时候,是它力量最弱的时候;脚最少的时候,是它力量最强的时候。"希腊青年俄狄浦斯猜中了正确答案,谜底就是"人"。人在婴儿时,即生命的早晨,是用两手两脚爬行,就是用四只脚走路,但却是力量最弱的时候;长大以后,进入了壮年,也就是生命的中午,用两只脚走路,也是力量最强的时候;衰老时,也就是生命的黄昏,拄上拐杖成了三只脚。于是,斯芬克斯羞愧万分,便跳崖而死了。

这就是著名的斯芬克斯之谜。黑格尔借此说道:"这个象征谜语的解释,

---

① 参见《哲学译丛》1982 年第 1 期,第 22 页。

就在于显示一种自在自为的意义，在于向精神呼吁说：'认识你自己！'就像著名的希腊谚语向人呼吁的一样。"①

的确，"认识你自己"这句常常被苏格拉底用来教诲他的门徒的格言，三千多年前就被铭刻在了希腊德尔斐神庙门前了。但是人们似乎还是很难认识自己。正如我国实践美学代表人物李泽厚先生所言："尽管现代科技如何飞速发展，如何精密准确，正如维特根斯坦所说，人生问题仍然没有解答。……真是什么？善是什么？美是什么？它们的联系和区别是什么？它们与人类的总体和个体存在的意义、目的、关系如何？……仍然在不断地引人思索。"②

可以说，有多少种哲学派系，就有多少种对人性的以及美的本质的看法。但是在哲学史上，关于"人"的认识，从古希腊哲学开始，就存在着两条不同甚至对立的路线。即一条唯心主义路线，一条唯物主义路线。

比如在古希腊哲学中，在人的来源问题上，产生于希腊最早的唯物主义学派——伊奥利亚学派，把世界的本源归结为水，从而认为人是从水而来。他们是从"人"之外的世界，从人的环境，完全从人的自然属性来解决"人是什么"这个问题。后来古希腊的唯物论者德谟克利特进一步发展了这一认识，认为由于太阳的温暖，首先在最初的泥土里发生出泡状的东西，接着形成了鱼一类的动物。其中有的爬上了陆地，形成陆生动物，人类也发生了。这种看法当然更接近于今天生物生命科学长期考古和观察研究的结果，它是唯物主义的，但却是单纯从发生学的角度来考察人的。

相反，唯心主义哲学家则不是根据人的外部世界来认识人，而是根据

---

① 黑格尔：《美学》第 2 卷，商务印书馆 2017 年版，第 77 页。
② 《美学》第三期，上海文艺出版社 1981 年版，第 13—15 页。

"人"来认识甚至确定外部世界的一切。公元前 5 世纪的希腊哲学家，智者派的主要代表人物普罗泰戈拉有一句唯心主义的名言最具代表性："人是万物的尺度，是存在的事物存在的尺度，也是不存在的事物不存在的尺度。"① 也就是说，外部世界存在不存在，是以人为标准的。

马克思说："真理通过论战而确立，历史事实从矛盾的陈述中清理出来。"② 那我们就循着产生马克思主义哲学的德国古典哲学的足迹，来考察近现代以来，人本主义、人道主义、存在主义以及辩证唯物主义和历史唯物主义对人的本质及人的活动的论说，以便为我们认识"美"提供必要的哲学基础。

诚然，马克思、恩格斯没有为我们留下系统的美学著作，但他们却为我们奠定了美学的哲学基础，这就是马克思主义的辩证唯物主义和历史唯物主义。作为认识论的辩证唯物主义，正是继承和发展了黑格尔辩证法中的"合理内核"与费尔巴哈唯物主义的"基本内核"后建立起来的。由于德国古典哲学是马克思主义的三个来源之一，我们就首先来考察德国古典哲学关于人的本质及其实践活动的论述。

---

① 后来苏格拉底提出"有思想力的人是万物的尺度"。甚至一个时期"人是衡量一切事物的标准"成为了希腊的一句谚语。
② 《马克思恩格斯全集》第 28 卷，人民出版社 2016 年版，第 286 页。

德国古典哲学

康德

康德是德国古典哲学的创始人,他以调和经验论和唯理论,高扬人的能动性,并把哲学推进了一大步,被认为是继苏格拉底、柏拉图和亚里士多德后,西方最具影响力的思想家之一。

"人是什么?"据说就是康德以大白话方式提出来,而又用他那晦涩难懂的哲学体系进行解释的一个首要的问题。其实,在18世纪欧洲启蒙运动中,有哪一位哲学家不回答"人是什么"呢?卢梭提出的关于人的自由平等的"二律背反",即人生而自由,却无所不在枷锁之中。有哪个与封建神权斗争的资产阶级哲学家能够回避得了呢?自命不凡的哲学家们又有哪个不想"立即解放全人类"呢?他们肯定人性的伟大,人的价值和尊严,追求人性的完善,憧憬符合人性的完善的制度和社会秩序。但他们首先必须要搞清楚用理性武装的人究竟是什么。对康德来说,他就是要说明,人能知道什么,人应该做什么,人可以期望什么!即真善美。

康德著有三部闻名于世的批判性著作——《纯粹理性批判》《实践理性批判》和《判断力批判》。他的"批判三部曲"分别对认识论、伦理学以及美学(知情意)做了开创性的探讨,因此康德的哲学也常被人称为批判哲学。

在近代的欧洲,围绕人的认识问题,曾展开过长时间的争论,并形成了两大对立的派别,即以培根为代表的经验论和以笛卡尔为代表的唯理论。前者认为,人类的认识来源于感觉经验,认识世界只能通过感觉,知识必须建立在经验的基础上,只有经验才是可靠的;而唯理论则针锋相对,认为感觉经验是不可靠的,不足以充当科学知识的基础,况且许多"天赋"的观念并不来源于经验，因此，只有来源于天赋观念的认识，只有理性知识才是可靠的，才能获得真理。

康德的哲学，据他自己说是要调和经验论和唯理论。白痴有经验，但无理论，不能形成知识；瞎子有理论，但无经验，同样不能形成知识。在康德看来，经验论和唯理论之所以不可调和，其根本的原因还在于它们拥有一个共同的思维模式，即总是认定认识必须依赖于对象，认识必须符合对象本身。因此，变革的突破口就在于转变这种思维模式，即颠覆传统哲学在主体与客体、认识与对象之间的关系。也就是从探讨"世界的本源是什么"的形而上学的本体论，转向"我能否认识世界的本源"并为科学建立牢固的认识基础的认识论。康德的这一思想，正如恩格斯所赞赏的："在法国发生政治革命的同时，德国发生了哲学革命。这个革命是由康德开始的。他推翻了前世纪末欧洲各大学所采用的陈旧的莱布尼茨的形而上学体系。费希特和谢林开始了哲学的改造工作，黑格尔完成了新的体系。"[①]

过去的哲学假定：人的认识必须去符合对象，必须与对象一致。即主体必须去符合客体，必须与客体一致。然而，康德却认为，人在认识对象之前，应该先具备认识对象的能力；如果不先具备这种认识对象的能力的话，人何以能够去认识对象呢？所以，康德认为，需要进行一场哲学革命，推翻过去"人的认识必须去符合对象"这一假定，建立一个新的假定：对象必须去符合人的认识，和人的认识相一致，也就是说，客体必须去符合主体，必须与主体相一致。

鉴于康德这种在唯心主义领域颠覆了传统的认识与对象关系的观点，犹如

[①] 《马克思恩格斯全集》第1卷，人民出版社2016年版，第588页。

哥白尼的"日心说"颠覆了托勒密的"地心说"一样影响深远,故人们便把康德的批判哲学称颂为哲学领域的哥白尼式革命。

在康德看来,人具备着一定的认识事物的能力,并只有在人的这种能力的前提下,才能决定哪些事物是可以认识的,哪些事物又是认识能力所不能及的。他把那些可以认识的事物叫作人的认识对象;人还不能认识的那些事物,就不是人的认识对象。这就是他的不可知论的认识来源。在康德这里,世界是分为可知和不可知两部分的,即现象界和"物自体"。

基于这样的认识,康德提出要创造一种新的哲学,这种新哲学的任务就是着重考察人的各种能力,比如:认识、情感、意志,等等。通过这种考察来回答:人能知道什么?人应该做什么?人可以期望什么?即人的认识能力、人的实践能力[①]和人的情感能力。

《纯粹理性批判》就是着力考察人的感性、悟性、理性等认识能力的一部著作。康德认为,人具有时间和空间这种先天的感性形式,因而可以感受对象。但是,能够作为这种对象的只是外界事物刺激人的感官所产生的现象,即现象界,而不是外界事物本身,即物自体;这种外界事物本身超越于自然界,不以人的意志为转移,是不能成为对象的,因为它远远超出了人所具备的感知能力。现象界就是我们周围的自然界,尽管它受必然规律的支配,但人具有悟性能力,因此可以把感受到的东西按照一定的范畴、规则联结起来,形成经验,形成对所感受的东西的认识。这就好比人类在地球上,地球之外是茫茫宇宙,是我们的能力所不及,我们的活动和认识范围,只能以地球为限。地球即

---

① 当然,此实践非彼实践。康德等唯心主义者所说的实践均指精神的实践,而不包括物质生产实践活动。

是现象界，茫茫宇宙就是物自体。

除了上面讲到的人的感知能力和悟性这样两种人的认识能力之外，人还具备理性能力。人的理性不满足于从感性、悟性两种能力所得到的知识，并且要超出人的这些认识能力，超越人的经验，去寻求事物的最初原因，得出关于宇宙的总体性看法。这种理性，在科学方面是不可证实的，但在逻辑上却又是不可缺少的。从康德围绕着人的认识能力所做的这些考察来看，人在感觉阶段上就不是对外界事物的被动的消极的感受者，而是一个迫使外界事物就范即去符合人的感性形式的主动的积极的发现者；越到人的认识的高级阶段，就越少对外界事物的依赖性，从而取得了更大的能动性。康德认为，人不是从自然界中导出它的法则，而是给自然界立法，人创造了自然科学。人的这种能动性是康德所突出揭示和说明的，正是康德首次创立了德国古典哲学中的能动性学说。

之后，康德又写出了《实践理性批判》一书，又从人的实践能力方面去揭示和阐明人的这种能动性。康德认为，在自然界，人为自然界立法；而在社会历史领域中，人为自己立法，人服从自己制定的法则。人在社会历史领域中的能动性与人在自然界的能动性相比较，由于前者比后者更少对外界事物的依赖性，所以前者比后者有着更多的能动性；由于前者往往要影响后者，所以前者比后者有着更高的能动性。在康德看来，悟性高于感性，理性又高于悟性；在理性中，思辨理性又隶属于实践理性，因此，实践理性君临一切，占有主导地位。从这个意义上讲，康德的人的能动性，似乎可以叫作以精神实践为主导的能动性。

在康德看来，认识是知，实践是行；即认识是知识范围的事，实践是伦理道德范围的事。而能够把这两个领域连接起来的是人的情感能力，所以，康德又写出了"批判三部曲"里的第三部著作《判断力批判》，进一步讨论了人的情感能力。这样，康德就完成了对知识、意志、情感等人的各种能力的全面考察，完成了他的批判哲学的体系。

康德的批判哲学是德国古典哲学的起点，他通过三大批判性著作，考察了人的知、情、意三大心理结构和功能，由此确立实践为主导的主体能动性，反映了欧洲资产阶级上升时期的精神需要，是康德哲学的主要贡献。

康德改造了形式逻辑，提出了先验逻辑；黑格尔则在康德的基础上完成了逻辑学，提出了逻辑与历史的统一，把德国古典哲学推到了顶峰。因此，恩格斯说："德国哲学从康德到黑格尔的发展是连贯的，合乎逻辑的，必然的。"[①]

[①] 《马克思恩格斯全集》第1卷，人民出版社2016年版，第589页。

德国古典哲学

第一辑 人及其实践活动

黑格尔

恩格斯在他的《路德维希·费尔巴哈和德国古典哲学的终结》一文中，在谈到康德否认认识世界的可能性时，曾说过这样一段意味深长的话："对驳斥这一观点具有决定性的东西，凡是从唯心主义观点出发所能说的，黑格尔都已经说了。"① 这段话说明：第一，黑格尔哲学与康德哲学同属于德国古典哲学中的唯心主义；第二，康德是不可知论者，黑格尔是可知论者；第三，在唯心主义哲学领域内，黑格尔对康德的驳斥和批判是深刻而全面的。

前文提及康德认为自己有一个重大发现，就是把世界分为现象界和物自体；现象界是人能认识的，物自体是不可知的。黑格尔却不这么认为。他说："当我们常常听见说，物自身不可知时，我们不禁感到惊讶。其实，再也没有比物自身更容易知道的东西。"为什么"物自体"更容易知道呢？他说，这是因为"物自体""不过只是思想的产物，只是空虚的自我，或思想纯粹的抽象作用之不断地进行的产物"②。既然"物自体"的本身不过是思想的产物，是人的思维不断抽象的结果，那么，为什么不可知呢？因此，黑格尔肯定"物自体"是可知的，是能够认识的。

因为"物自体"是能够认识的，所以"物自体"和现象界之间的鸿沟，也就自然取消了。取消了这一鸿沟，黑格尔达到了存在与思维、本质与现象是辩证

---

① 《马克思恩格斯文集》第4卷，人民出版社2009年版，第279页。
② 黑格尔：《小逻辑》，商务印书馆2019年版，第126页。

地统一的结论。也就是说，达到了我们人能够认识真理的结论。这一点，列宁给予了肯定的评价。列宁说："黑格尔对康德的驳斥是完全正确的，思维从具体的东西上升到抽象的东西时，不是离开——如果它是正确的（注意）（而康德，象所有的哲学家一样，谈论正确的思维）——真理，而是接近真理。"①

但是，本质与现象统一在什么地方呢？我们熟知，黑格尔是把本质与现象统一在思维里面了。他认为思维就是事物的本质，而现象不过是思维的显现。原因就在于，现象是个别的、随着客观条件而变化和消逝的，不可能具有质的规定性，因此，现象不可能是本质。只有反映了一般规律的"普遍的东西"，才是本质。而"普遍的东西"，感觉是把握不住的，只有思想才能把握。因此，只有通过思想才能认识事物的本质，认识真理。思想是世界的基础。所以对于存在来说，思维自然是第一性的了。正像马克思和恩格斯所批评的那样，他"不仅把整个物质世界变成了思想世界，而且把整个历史也变成了思想的历史"。在黑格尔看来，思维不仅是世界的本质、根本，而且整个世界都是思维自我发展和自我认识的过程。

这样，黑格尔从只有通过思想才能认识事物的本质，达到思想就是事物的本质。正因为思想是事物的本质，所以事物都来源于思想，由思想来创造。这样的"思想"，就不是通常意义上所说的个别人的"思想"了，而是具有了某种神性的思想。为了使这样的"思想"不同于一般的"思想"，黑格尔给它取了个名字，就叫作"理念"。现实世界就是由他称之为理念的东西派生而来的。

在黑格尔看来，世界历史的目标，世界历史的推动者，乃至世界历史的主

---

① 列宁：《哲学笔记》，人民出版社1990年版，第142页。

宰就是理念。而且由于有了理念，历史不再是一堆混乱的偶然现象，而成为合乎规律的、也就是合理的发展过程。

这种作为世界历史的主宰的理念，具有自己认识自己、自己实现自己的特点，它不依赖于任何其他的东西，不受任何限制，因此，它是自由的、无限的、绝对的。为此，黑格尔又把它称之为"绝对理念"。这样一种"绝对理念"，完全是精神性的，在没有人类和世界以前，它早已存在。整个自然和精神世界，都是从它派生出来的。由于它是一种精神，所以黑格尔又称之为"绝对精神"。又因为这一绝对理念，不仅完全按照理性的逻辑规律来发展，而且它本身就是理性的总和与表现，所以黑格尔又称之为"绝对理性"，以别于一般理性。

这样，在康德那儿是不可知的"物自体"，到黑格尔这儿，便变成了思想自己认识自己、自己实现自己的"绝对理念"了。既然"绝对理念"本身就是思想，当然是可知的了。但是，"绝对理念"不是某一个个人或者某一群人的思想，而是一种客观存在的普遍的思维，它不以任何个人的意志为转移。对于人的主观来说，它是客观的。因此，黑格尔的唯心主义，就不同于康德的主观唯心主义，而是一种客观唯心主义。黑格尔的整个哲学体系，就是从这种客观唯心主义的立场出发，描写"绝对理念"或者"绝对精神"，怎样发展自己、实现自己、并最后回复到自己。

后来，黑格尔以他自己提出的这些基本概念和基本规律写出了《逻辑学》，并在《逻辑学》的基础上完成了他的整个哲学体系，写出了《哲学全书》。黑格尔的这个哲学体系基本上由三个部分构成，即逻辑学、自然哲学、精神哲学。绝对理念以纯理性、纯逻辑的方式存在和发展，为研究其自在自为，对绝对理念的这种存在和发展的逻辑考察即是逻辑学。这种绝对理念的存在和发展，通过否定自身而异化为自然，为研究其他在或外在化，对这种绝对理念的异在即自然的哲学考察即为自然哲学。对绝对理念的这种异在的否定，形成异化的扬弃。绝对理念经过异化和异化的扬弃之后，已不再是纯逻辑的了，而是具体的了，成为具体的理念。为研究其由他在而回复到自在，又往往是精神哲学的研究课题。在黑格尔的整个哲学体系中，逻辑学处于主导的地位，自然哲学、精神哲学都是逻辑学的应用，或者叫作应用逻辑学。

康德对人的认识、情感、意志等能力的考察，得到了黑格尔的肯定和赞许，但同时也指出了康德的这种考察本身所存在的弱点。比如黑格尔在谈到康德的"认识能力"时就指出，"在人认识之前，他应该认识那认识能力。这和一个人在跳下水游泳之前，就想要先学习游泳是同样的（可笑）"①。

在黑格尔看来，对"认识能力"的考察本身就是一种认识，所以把"认识能力"和"认识"像康德那样分割开来去进行考察，是无法达到目的的。更为重要的是，黑格尔强调，认识是一个过程，是一个不断由较低级向较高级发展的过程。对认识的考察不能离开这种发展过程。不仅人的认识是如此，人的实践也是如此。这就是黑格尔哲学区别并高于康德哲学的地方，即黑格尔认识论上的普遍联系和发展的辩证法思想。

黑格尔哲学主要是考察社会历史现象的，黑格尔的这种发展观，主要是一种社会历史的发展观。在他看来，社会历史和认识一样，也是一个不断从低级向高级发展的无穷进程。在各种领域之中，"黑格尔都力求找出并指明贯穿这

---

① 黑格尔：《哲学史讲演录》第4卷，商务印书馆2017年版，第287页。

些领域的发展线索"①。"黑格尔第一次——这是他的巨大功绩——把整个自然的、历史的和精神的世界描写为一个过程,即把它描写为处在不断的运动、变化、转变和发展中,并企图揭示这种运动和发展的内在联系"②。

在人的本质认识上,黑格尔认为,人和动物都需要外界的自然物如果子、肉类等来维持自己的生存,但是,动物只是把自然界已经长成的果子吃掉,却不懂得通过种植去自己培植这种果子。而从动物界分离出来的人却不同,人懂得去种植果树、豢养家畜,来满足自己生存的需要。所以,人不是直接从自然界来满足自己的需要,人不同于动物的地方正是他们可以借助制造工具进行劳动来创造出自己需要的东西。人之所以能够制造工具进行劳动,正是因为人是有理性的,而不是出于人的本能;如果出于本能,那么动物也可以制造工具进行劳动了。在这里,黑格尔把人和动物之间区别的界线只是划在是否有理性上,从而规定了他的人性论的唯心主义性质;后来,例如在《哲学全书》中,黑格尔又一再强调"人之所以异于禽兽在于他能思维"③。

在人的本质问题上,黑格尔与康德的共同之处,都在于从精神活动上去划出人与动物区别的根本界线。把人看作是能思维的、有理性的,从人的这种精神方面去把握人的本质,也是康德批判哲学(包括其中的美学思想)的一个主要特征和基本精神。所不同的是,在这一方面,康德侧重于从人本身的精神的心理的整体结构上去考察人的各种能力,做出静态的逻辑的分析;黑格尔则侧

---

① 《马克思恩格斯选集》第4卷,人民出版社2009年版,第272页。
② 《马克思恩格斯全集》第20卷,人民出版社2016年版,第26页。
③ 黑格尔:《小逻辑》,商务印书馆2019年版,第37页。

重于从人的精神的发展史去把人的精神作为一个过程来考察，做出动态的历史的分析，并从这种分析提炼出人的精神的逻辑形态。这就是为什么黑格尔哲学和康德批判哲学都被看作是唯心主义的；同时前者被称作客观唯心主义的，后者又被称作主观唯心主义的。后来，费尔巴哈正是在人与动物的区别的基本界线上批判了唯心主义的人的本质观，即既批判了黑格尔也批判了康德，恢复了唯物主义的地位。

关于人的实践活动，黑格尔曾经专门研究过詹姆士·斯图亚特、亚当·斯密的经济学说和英国产业革命的情况，并考察了劳动问题，谈到了人的物质生产问题，但是他又把人的这种物质生产归结为人的理性，把人的物质生产看作是一种被人的精神（即思维、理性等）所决定的，从而陷入了精神第一性、物质第二性的唯心主义泥潭。

在讨论劳动的本质问题时，他发现了大量的劳动异化问题。黑格尔认为，商品生产和社会分工的日趋发展提高了劳动的生产率；但是，劳动的价值却随着劳动生产率的提高而下降。随着生产技术的进步，劳动机器化了，劳动也就变成了机器的劳动，人本身的劳动也就变得像机器一样；劳动只是对全体来说是减轻了，而对单个人来说不是减轻，而是增强了。因为劳动越是机器化，劳动的价值就越少，单个人为了保住饭碗获得能够维持生存所需的报酬，就必须增加劳动的强度和时间。劳动机器化极大地限制了劳动者技能的发挥，从而导致他们的思维能力降低到愚钝的状态。劳动的机器化加剧了发明新机器的竞争，带来了工厂的倒闭和工人的失业，造成了越来越严重的贫富悬殊。黑格尔揭示了种种劳动异化的现象，只认为这是社会分工和生产技术发展进步的必然产物，是机器生产的必然产物，而没有认识到这是资本主义生产方式,是资本主义私有制的必然产物。

在观察劳动的过程中,黑格尔看到了劳动是人对外部自然物的改造,但却把这种物质性的改造归结为是人的理性的结果,因而把人的精神方面的东西,看做这种物质性改造的最终的决定性原因。结果,解决的办法自然就成了:要扬弃劳动的异化,靠物质手段是不行的,而要靠人的精神。

应当说,黑格尔的劳动异化以及扬弃的观点触及到了资本主义社会经济生活中的某些弊病,在社会发展方面,揭示并论述了"异化"和"扬弃"这两个基本范畴,在一定程度上猜到了社会历史发展的辩证规律;但是,他最终还是把这种辩证发展规律唯心主义化了,变成了一种人的精神发展的规律。从黑格尔对经济学的研究可以看出,黑格尔把"劳动"、劳动的"异化"、异化的"扬弃"等范畴从经济学中抽象出来,变成了一种精神的东西,改造成为精神发展的辩证规律的基本范畴,使它们历史唯心主义化了。这是黑格尔确立历史唯心主义哲学体系的一个基本出发点。

在哲学上,黑格尔首次把经过他改造了的"劳动""异化""扬弃"等概念作为基本范畴,去构建他的哲学体系。他写出了《精神现象学》,第一次比较完整地提出了他对自己哲学体系的看法,成为黑格尔哲学的起点。这部著作被马克思称为:"黑格尔哲学的真正诞生地和秘密。"[①]

在《精神现象学》中,黑格尔从当时经济学的立场出发,把劳动看作是人的本质,但是如前所述,黑格尔把劳动归结为精神的,其结果,人的本质也是精神的了。人的本质等同于一种意识,即自我意识。既然人的本质等同于自我

[①] 马克思:《1844年经济学—哲学手稿》,人民出版社2018年版,第94页。

意识，那么，人的本质的一切异化在他看来都不过是自我意识的异化。人的自我意识异化所创立的东西，包括改造了的外部自然物，就其本质而言，不过是人的本质即自我意识的一种现象，应当由自我意识中得到说明。而对这种异化的扬弃，也只能由自我意识来做出。在《精神现象学》中，黑格尔正是从精神的角度揭示了人的发生发展史，把人看作是他自己劳动的产物，因此在他看来，人自己创造自己；而人的这种自我创造又是一个过程，这是一个历史的辩证发展的过程，这个过程可以用两个基本范畴，即"异化"和"扬弃"来概括。因此，人的历史的辩证发展过程，是一个异化和异化的扬弃过程；黑格尔创立的这种历史辩证法或者叫作否定的辩证法，正是以异化和扬弃构成的否定之否定而成为一种螺旋式上升的发展观。

第一辑　人及其实践活动

费尔巴哈

费尔巴哈是德国古典哲学的终结者，也是马克思从黑格尔哲学转变到马克思主义哲学的中介和桥梁。

德国古典哲学创始于康德，经过费希特和谢林的努力，最后由黑格尔集大成，完成了包罗万象的唯心主义哲学体系。后来随着青年黑格尔派的分裂，形成了两个支系。一支沿着费尔巴哈的唯物主义向前发展并实现革命变革而成为马克思主义；另一支沿着施特劳斯、鲍威尔、施蒂纳形成了形形色色的现代唯心主义。

费尔巴哈在对黑格尔哲学进行批判和清算的过程中，尽管暴露出自己哲学上的根本缺陷，即方法论上的形而上学（简单抛弃了黑格尔的辩证法），和人的本质问题上的人本主义（社会历史领域里的唯心主义），但其重大意义在于，重新确立了唯物主义的权威，对唯心主义的批判，从根本上动摇了德国古典哲学的理论基础。这样，德国古典哲学就完成了它的历史使命，而在费尔巴哈这里宣告终结了。

费尔巴哈对黑格尔哲学进行批判，是从他的体系与方法的矛盾入手的。黑格尔哲学的本体论是宇宙论，他企图从辩证运动中去把握他的客观精神、理念世界，费尔巴哈认为，所谓绝对理念，从其积极意义来看，还是客观性的理念；这种客观性的理念是与康德等的主观性理念相对立的，即康德是主观唯心论，黑格尔是客观唯心论。二者的不同在于，客观唯心论包括了现实世界的全部内容，并且把这种内容当成了思想的范畴。而主观唯心论只囿于一般感性或对象的本质。

但是，在费尔巴哈看来，黑格尔哲学的根本问题在于颠倒了自然和精神的关系。他说，一切想要超出自然和人类的思辨，都是浮夸，康德以来的德国思辨哲学就是如此。思辨哲学把与思维本质相矛盾的感性活动，变成为一种逻辑的或理论的活动，把对象的物质产物变成为概念的思辨产物。黑格尔把物质看作是精神的"自我外化"，以此来克服康德以来的物质与精神的对立状态，其结果，物质就被看作是精神的产物，看作是精神存在与发展的一个环节了。这样一个由精神"自我外化"的物质，不再是一个感性的事物，而是一个具有真实形态和形式的实体，同时又被当成一种虚幻的不真实的实体。这样一种物质观，使得自然的、物质的、感性的事实成为被否定的事物。

通过对黑格尔哲学的剖析，费尔巴哈得出了这样一个结论："其实，那些所谓思辨的哲学家不过是这样一些哲学家，他们不是拿自己的概念去符合事物，而是相反地拿事物去附会自己的概念。"① 这是唯心主义者在人的认识与对象关系上的唯心主义的基本路线。

在德国古典哲学中，首先把人的认识与对象的关系突出出来并且做出明确的规定的是康德，这就是前面已经提到的康德的哥白尼式的革命，这种革命是反对人的认识去符合对象，主张对象去符合人的认识。所以，从德国古典哲学来看，康德是这条路线的开创者，黑格尔是这条路线的完成者，而费尔巴哈则是要推翻这条路线，把人的认识和对象的关系再颠倒过来。

费尔巴哈认为，过去的哲学是与神学结合在一起的；要纠正这种旧哲学，

---

① 《费尔巴哈哲学著作选集》下卷，商务印书馆出版1984年版，第526页。

"哲学必须重新与自然科学结合"①。他认为："一切科学必须以自然为基础。一种学说在没有找到它的自然基础之前，只能是一种假设。""观察自然，观察人吧！在这里你们可以看到哲学的秘密。"而"自然是人的根据"②。这就是说，自然是最终的根据，人的科学也必须以自然为基础。

费尔巴哈对自己哲学的基本倾向和基本内容作了这样一个明确的概括，他说：

> 我的学说或观点可以用两个词来概括，这就是自然界和人。从我的观点看来，那个做人的前提，为人的原因或根据，为人的产生和生存所依赖的东西，不是也不叫作神（这是一个神秘的、含糊的、多义的词），而是并且叫作自然界（这是一个明确的、可捉摸的、不含糊的名词和实体）。至于那个自然界在其中化成有人格、有意识、有理性的实体的东西，在我的学说中则是并且叫作人。从我的观点看来，自然界这个无意识的实体，是非发生的永恒的实体，是第一性的实体，不过是时间上的第一性，而不是地位上的第一性，是物理上的第一性，而不是道德上的第一性；有意识的、属人的实体，则在其发生的时间上是第二性的，但在地位上说来则是第一性的。我的这个学说是以自然界为出发点的，并且立足于自然界的真理之上，用这个真理去对抗神学和哲学。③

---

① 《费尔巴哈哲学著作选集》上卷，商务印书馆出版1984年版，第118页。
② 《费尔巴哈哲学著作选集》上卷，商务印书馆出版1984年版，第115—118页。
③ 《费尔巴哈哲学著作选集》下卷，商务印书馆出版1984年版，第523页。

费尔巴哈坚决反对把人同自然界分割开来的唯心主义，同这种唯心主义相反，他把人同自然界结合起来，以自然界为基础来说明人的本质。他认为，他理解的存在是一种实际存在的实体，只有作为这样一种存在的对象的那个存在，才配称为存在，而这个存在就是感性的存在，直观的存在，感觉的存在，爱的存在。只有感性的实体，才是一个真正的、现实的实体。一种感性的实体，作为一种客体的、在思维或观念之外的存在，它的基本特征就是感觉性。只有通过感觉，而不是通过思维本身，一个对象才能在真实的意义之下存在。一个现实的对象，只有当它对人产生作用、影响人自身的活动时，才出现在人的面前。费尔巴哈认为，用这样一种感性论就可以解决哲学上那个悬而未决的老问题：肉体和精神这些不同的实体是怎么相互影响的呢？他认为，这种相互影响的秘密，只有感性才能揭示；因为，只有感性的实体才能互相影响，而人也是一个感性实体。人的精神是同肉体、同感觉一起发展的；脑壳、脑髓从哪里来，精神也就从哪里来；器官从哪里来，它的机能也就从哪里来。所以，不能离开肉体去讨论人的本质。唯心论认为，肉体不属人的本质，人只是一个抽象的、思维的实体；而费尔巴哈针对这一点提出了一个反命题：人是一个实在的感觉的本质，肉体总体就是人的"自我"、人的实体本身。由此，哲学的任务，并不在于离开感性的实际存在的事物，而是恰恰在于接近这些事物；并不在于将对象转变成思想和观念，而在于使平常的、看不见的东西可以看得见，这就是对象化。这是一种新型的哲学，费尔巴哈认为，它是光明正大的感性哲学。

费尔巴哈重视感性，但是并不排斥理性。他认为，人有思维，没有思维的人当然不能算是人。他也承认人的感性和理性有着密切的联系，问题在于是一种什么样的联系，也就是说，谁是第一性的、谁是第二性的。他说："人之与动物不同，决不只在于人有思维。人的整个本质是有别于动物的。不思想的人当然不是人，但是这并不是因为思维是人的本质的缘故，而只是因为思维是人的本质的一个必然的结果和属性。"① 黑格尔强调人和动物的区别在于人有思维，费尔巴哈反对这种看法，认为思维只是人的本质的一个必然的结果和属性，因此，人与动物的区别比之于思维有着更深刻、更广泛的内容；也就是说，思维的有无还不是人和动物的区别的最根本的标志。

费尔巴哈在对宗教特别是基督教本质的考察中，在一定的意义上肯定了人的理性、意志、想象力等。他认为，神是人借助于想象力把自己的理智、愿望对象化的产物，神是人的本质的异化；揭露宗教的秘密，就能使人们清醒地对待自己的幻想，从天上回到人世间，把对神的爱变成对人的爱。他说："我否定的只是神学和宗教的荒诞的、虚幻的本质，为的是肯定人的实在的本质。"②

费尔巴哈的哲学体系的建立与他对宗教特别是基督教本质的揭示有着极密切的关系。而他的许多重要的美学思想正是产生于对宗教本质的揭示之中。重视现世生活，批判幻想、揭出幻想的尘世根源，这又成为费尔巴哈（特别是费尔巴哈的俄国学生车尔尼雪夫斯基）美学思想的一个主导方向。

费尔巴哈进一步讨论了爱。爱是人的一种情感，涉及人与人之间的关系。人不是指孤立的、个别的人，"孤立的，个别的人，不管是作为道德实体或作为思维实体，都未具备人的本质。人的本质只是包含在团体之中，包含在人与人的统一之中，但是这个统一只是建立在'自我'和'你'的区别的实在

---

① 《费尔巴哈哲学著作选集》上卷，商务印书馆出版1984年版，第182页。
② 《费尔巴哈哲学著作选集》下卷，商务印书馆出版1984年版，第525页。

性上面的"①。"凡单独的本身都不是一个真正的，完善的，绝对的实体。真理和完善只是各个本质上相同的实体的结合和统一。哲学最高和最后的原则，因此就是人与人的统一。一切本质关系——各种不同的科学原则——都只是这个统一的各种不同的类型和方式。"②

把人的本质建立在物质性的人与人的关系的基础上，无疑是费尔巴哈的一个最重要的哲学贡献，由此出发导向历史唯物主义是完全可能的。而费尔巴哈没有由此走向历史唯物主义的重要的原因，就在于：对这种物质性的人与人的关系只作了自然的考察，而非社会的考察；只是对人作自然界的物质性（把人作为生物学的生产性本体）的考察，而没有对人作社会界的物质性（把人作为社会物质生产者）的考察；并且只是与自然科学（生物学、生理学）的结合中去考察，而非与社会科学（经济学）的结合中去考察。③

费尔巴哈认为，首先，"爱是唯物主义；非物质的爱是无聊的"。其次，爱是唯心主义，但"又是自然之唯心主义；爱是精神"④。关于爱的一切梦呓，在费尔巴哈这里都有了：在爱中，平凡的自然等同于精神，优秀的精神等同于自然；爱，是"精神与自然之真正的统一"；爱，可以连接完善的和不完善的、无罪的和有罪的、一般的和个别的、神的和人的种种东西；爱，可以使人成为上帝，使上帝成为人；爱，增强弱者、削弱强者，降低高者、提高低者；爱，使物质理念化，使精神物质化；爱，可以同一贵族和平民百姓，等等。总而言

---

① 《费尔巴哈哲学著作选集》上卷，商务印书馆出版1984年版，第185页。
② 《费尔巴哈哲学著作选集》上卷，商务印书馆出版1984年版，第186页。
③ 郑涌：《马克思美学思想论集》，中国社会科学出版社1985年版，第159页。
④ 《费尔巴哈哲学著作选集》下卷，商务印书馆出版1984年版，第76页。

之，在费尔巴哈看来，他说的这种有血有肉的、自然与精神相统一的爱，是什么奇迹都可以创造出来的。在这样一种爱的原则中，费尔巴哈突出了男女两性之爱。他认为，肉体是人格性的根据，只有借助于肉体，人才具有区别于幽灵似的虚幻人格性而具有现实的人格性。没有建立于血肉基础上的性别，人格性也就等于无了；从本质上讲，人格性就区分为男性和女性。男女之爱，是人与人之间关系的一个理想的范例。男女、我你是人与人之间的最基本的区别，构成人与人之间最基本的关系。

宗教是人与人之间的情感关系，在这种男女、我你之爱的基础之上，可以建立一种新的宗教。由对人的爱，要求对己以合理的自我节制，形成合理的利己主义原则。这样，从爱的原则里，费尔巴哈进一步导出了他的宗教观、伦理学的基本思想。

以上我们简要介绍了德国古典哲学的代表人物康德、黑格尔和费尔巴哈的哲学体系，以及所经历的从唯心主义到唯物主义两个发展阶段。康德是德国古典哲学的创始人，他建立了实质上是先验唯心主义的调和矛盾的哲学体系和不可知论；黑格尔是德国古典唯心主义的集大成者，创建了庞大的客观唯心主义体系；费尔巴哈从人本主义出发，用直观唯物主义，有力地批判了宗教神学和黑格尔的唯心主义，终结了德国古典哲学。

由康德创立经黑格尔发展了的人的主观能动性学说，是德国古典哲学的一个伟大成果。经过马克思、恩格斯的批判和改造，建立在唯物主义基础之上的主观能动性学说成了马克思主义哲学的一个重要内容。

人本主义

人本主义作为一种哲学原则，一般认为是从费尔巴哈开始的。

作为一种通常情形的理解，人本主义就是以人为本位的思想，这包括从古希腊时期就有的"以人为万物尺度"的思想。但是，费尔巴哈的人本主义不同于唯心主义认识观，其出发点是唯物主义的。

我们知道，费尔巴哈的新哲学，是在批判宗教神学和黑格尔唯心主义的基础上，依托他的人本主义原则建立起来的。如他所言："新哲学完全地、绝对地、无矛盾地将神学融化为人本学……简言之，融化于完整的现实的人的本质之中。"① 又说："新哲学将人连同作为人的基础的自然当作哲学的唯一的、普遍的、最高的对象。"② 马克思在评价费尔巴哈对黑格尔的批判时说道："费尔巴哈把形而上学的绝对精神归结为'以自然为基础的现实的个人'，从而完成了对宗教的批判。同时也巧妙地拟定了对黑格尔的思辨以及一切形而上学的批判的基本要点。"③

的确，费尔巴哈对"人是什么"的回答就是：人是他吃、他喝的东西；是水、空气、阳光和食物。他的意图是要建立起同自然科学结合的哲学，这种"自然科学"就是研究人的自然本性，即研究肉体生理与心理现象的人类科学。恩格斯就此评论道："（1）生理学，在这里他除了唯物主义者关于身体与灵魂的统一所说过的东西之外没有说出什么新东西，只是不那么机械，却颇为浮夸。(2) 心理学，归结为对于爱的那种奉为神圣的狂热的颂歌，类

---

① 费尔巴哈：《未来哲学原理》，生活·读书·新知三联书店1955年版，第75页。
② 费尔巴哈：《未来哲学原理》，生活·读书·新知三联书店1955年版，第77页。
③ 《马克思恩格斯全集》第2卷，人民出版社2016年版，第177页。

似于对自然的崇拜，除此以外没有新的东西。"①

他把自然界看作是唯一现实的东西，把宗教世界看作是世俗世界的幻想，这种重现实、把幻想看作是源于并低于现实的思想，正是费尔巴哈的形而上学唯物主义观。

在《基督教的本质》一书中，他明确指出："神学的秘密就是人本学，神圣实体的秘密就是人的本质。"② 在他看来，宗教只不过是人的对象化的产物。"人使他自己的本质对象化，然后，又使自己成为这个对象化了的、转化成为主体、人格的本质的对象。这就是宗教之秘密。"③ "人怎样思维、主张，他的上帝也就怎样思维和主张；人有多大的价值，他的上帝就也有这么大的价值，决不会再多一些。上帝之意识，就是人之自我意识；上帝之认识，就是人之自我认识。"④ 在他看来，上帝是人造出来的，没有人，上帝也就不会存在。人在上帝中看到的只不过是另一个自己罢了。

在人与自然的关系上，他认为，尽管唯心论也是主体与客体，精神与自然的统一，但是自然在唯心论这里只具有客体的意义，即为主体所设定的意义，而不是实在的存在。他反对这种唯心论，认为自然是独立存在的，是不依赖于精神的。不仅如此，人还归属于自然的一部分。

在《黑格尔哲学批判》中他说道："哲学是关于真实的、整个现实世界的

---

① 《马克思、恩格斯、列宁、斯大林论德国古典哲学》，商务印书馆1972年版，第471页。
② 北京大学哲学系外国哲学史教研室编译：《十八世纪—十九世纪初德国哲学》，商务印书馆1975年版，第576页。
③ 《费尔巴哈哲学著作选集》下卷，商务印书馆出版1984年版。
④ 《费尔巴哈哲学著作选集》上卷，商务印书馆出版1984年版。

科学；而现实的总和就是自然（普通意义的自然）。最深奥的秘密就在于最简要的自然里面，这些自然物在渴望彼岸的幻想的思辨者是踏在脚底下的。只有回到自然，才是幸福的源泉。"①

为此，从反对唯心主义角度，马克思赞赏道，费尔巴哈"在他向黑格尔作第一次最坚决进攻时，以清醒的哲学来对抗醉醺醺的思辨"②。

可见，费尔巴哈"新哲学"的基础是唯物主义的，其出发点就是人和自然。他认定真正存在的物就是自然，而人也是"属于类而存在的"，是自然的最高的产物，因此人也是属于自然的。

这就是要把人和自然作为统一的东西来看，把人包括人的本质都只是作为自然的一部分来看。他所谓人的本质是把人和动物相区别的族类的本质，所以是偏重于感性、偏重于爱或情欲的，也就是偏重于人的自然性，而不是人的社会性。他的不重视人的社会性，从而既不能从社会关系去了解人，更不能通过人去了解社会关系。因而他的人本主义的唯物主义便不能贯彻到社会历史领域中去。

费尔巴哈的人本主义原则是唯物主义的，但却存在着严重的弱点和缺点。正如列宁所说的："费尔巴哈和车尔尼雪夫斯基所用的术语——哲学中的人本主义原则——是狭隘的。无论是人本主义原则，无论是自然主义，都只是关于唯物主义的不确切的肤浅的表述。"③ 这主要有以下几个方面：

首先，为了反对黑格尔思辨哲学对理性的强调，费尔巴哈特别强调感性。

---

① 《费尔巴哈哲学著作选集》上卷，商务印书馆出版1984年版。
② 《马克思恩格斯全集》第2卷，人民出版社2016年版，第159页。
③ 《列宁全集》第38卷，人民出版社2017年版，第78页。

感性的基础是肉体的感官，在他看来这才是确实的、可靠的。如他所说："感性的、个别的存在的实在性，对于我们来说，是一个用我们的鲜血来打图章担保的真理。"① 他认为感性的作用和重要性在于反映自然，也就是要强调感性的直观。至于人的主观能动性，似乎是远离自然的，是不可靠的，于是他就忽视了感性的活动，不理解实践的重大意义。这就完全表现了他的唯物主义的形而上学或机械论的缺点。

其次，他把人和自然联系起来作为统一整体来看，而且主要把人作为属于自然的存在物，也就是主要看成是自然的人。所谓人的本质就是区别于动物的族类的本质，把自然性的心理因素如"爱""情欲"之类作为人的本质，还是从自然的关系来规定人的本质的，这当然不是指的人的社会属性。因此，马克思在《关于费尔巴哈的提纲》中提出批评，即"他只能把人的本质理解为'类'，理解为一种内在的、无声的、把许多个人纯粹**自然地**联系起来的普遍性"②。

《关于费尔巴哈的提纲》是马克思于1845年春季写就的，说明此时马克思已经对费尔巴哈的人本主义的局限性有所认识。此前，尤其是在一年前写作《1844年经济学—哲学手稿》时，马克思所使用的术语以及表现的思想，还是深受费尔巴哈人本主义影响的。我国著名美学家蔡仪就明确表示，马克思在《1844年经济学—哲学手稿》（以下简称《手稿》）中所表现的思想原则，主要就是人本主义或人道主义。他说："不仅《手稿》的《序言》和正文多处反复提出人本主义和自然主义作为它的立论根据和思想原则，而且在《劳动异化》那一节后半的大部分、《私有制和共产主义》那一节的全部论述中，都是

---

① 《费尔巴哈哲学著作选集》上卷，商务印书馆出版1984年版。
② 《马克思恩格斯选集》第1卷，人民出版社2012年版，第139页。

以'人的本质异化'为其中心论点的。"①

在考证了青年马克思1841年从《莱茵报》时期到《德法年鉴》时期,再到1844年写作《手稿》时的一系列文章和思想后,蔡仪指出,这个时期的马克思的人本主义,仍然来自于费尔巴哈的所谓人的本质也是族类的本质,即是从自然的观点来看人的,是把人和自然作为统一体来看的,甚至不止一次地把自然作为人的非有机的身体。例如他引用马克思自己的话:"实际上,人的万能正是表现在他把整个自然界——首先就它是人的直接的生活资料而言,其次就它是人的生命活动的材料、对象和工具而言——变成人的无机的身体。自然界就它本身不是人的身体而言,是人的无机的身体。人靠自然界来生活。这就是说,自然界是人为了不致死亡而必须与之形影不离的身体。"②

只是在人的本质的具体内容上,青年马克思与费尔巴哈有所不同,不是专指爱或情欲之类的东西,而如《手稿》中的三种说法:在开始论"劳动异化"时,人的本质所指就是劳动。这种劳动,在经济学范畴里显然是物质生产的劳动,是商品生产的劳动。其次在论人的族类的本质时,相应地提出的是"自由的意识活动是人类的族类特征"或"有意识的生活活动直接把人类和动物区别着"。这种意识活动的范围比之上述的劳动就广泛得多了。其中可以包括物质生产的劳动,也可以包括非物质性的、非生产性的意识活动如人的一时设想,或偶然的游戏,或和尚念经,等等。而在最后论到私有财产的扬弃和人的感觉和属性的解放时,所谓人的本质主要说的就是感觉,首先就是五官感觉。上述三种说法,还是从自然的区别于动物的人的族类关系来

---

① 蔡仪等:《马克思哲学美学思想研究》,湖南人民出版社1983年版,第46页。
② 马克思:《1844年经济学—哲学手稿》,人民出版社2018年版,第52页。

规定人的本质，却忽视了人毕竟是社会的动物，人的本质根本上是社会的，是由社会关系规定的；如果不从社会观点，而从自然观点来看人，来看人的本质，当然不可能认识现实的、实际存在的活生生的人及其本质，也便失去了讨论人的本质的现实意义。

另外，青年马克思强调实践，强调主观能动性，这是他的人本主义有别于费尔巴哈的又一个特点。

最后，蔡仪对自己的主张做了如下几点总结：

首先，他认为人本主义是一种哲学原则，它作为思想原则的特点是：（1）它主张把人和自然作为统一的关系来看，也就是认为不能把人摆脱同自然的关系来看。因而这个原则实质是牵涉到存在与意识或物质与精神的关系这个世界观的根本观点。（2）事实上主张人本主义原则的费尔巴哈的哲学思想就认为唯心主义和唯物主义都不是真理，只有人本主义才是真理。《手稿》中也有类似的说话，因而人本主义原则在其思想实质上是和唯物主义矛盾的。

其次，人本主义的基本论点是由自然来规定人和人的本质，即认为人的本质是自然的、族类的，因而也是抽象的，它不是社会的、具体的，因而也不是现实的。这样的人本主义原则必然使人不能真实地认识现实的、社会的人及其本质，也不能通过人及其本质去认识现实的社会及其关系。

最后，如《手稿》中所表现的那样，把人的本质异化作为现代资本主义社会形成的原因（私有制源于劳动的异化—劳动是人的本质—人的本质因劳动的异化而异化），而把人的本质异化的扬弃作为共产主义实现的前提。这种理论，不仅是抽象的、空想的、不现实的，而且它的以自然的人的本质的异化作为现实社会发生发展的根源，特别是作为共产主义产生的根源，这在《手稿》以前及以后马克思自己也是曾多次批评而予以否定的。

在蔡仪看来，这样的人本主义原则，既是和唯物主义矛盾的，更是和历史唯物主义根本对立而完全相反的。一切认为《手稿》中的人本主义原则是马克思主义的重要内容的看法，都是毫无根据的。马克思不等于马克思主义！

马克思主义

自 1845 年春写作《关于费尔巴哈的提纲》，到 1848 年春《共产党宣言》的发表，这三年间是马克思主义形成的过程。列宁曾说，《哲学的贫困》和《共产党宣言》已经是成熟的马克思主义的最初著作，而《关于费尔巴哈的提纲》及《德意志意识形态》等著作，便是这种成熟著作的直接准备。

《关于费尔巴哈的提纲》（以下简称《提纲》）只用了寥寥千字共十一条提纲，却被恩格斯看作是"包含着新世界观的天才萌芽的第一个文献，是非常宝贵的"①。

这就是说，有一种"新世界观"在这里已经"萌芽"了，而且是白纸黑字第一次写在纸上的。那么，这个"新世界观的天才萌芽"表现在什么地方呢？

这就是以"实践的、人类感性的活动"为逻辑起点，克服了自己原有的人本主义思想，从而产生了辩证唯物主义的能动的反映论，和历史唯物主义的人类社会发展观的"萌芽"。

我们知道，马克思早年就是青年黑格尔派的一员，曾经深受黑格尔唯心主义哲学的影响，后来又在费尔巴哈的影响下转向唯物主义，并一度成为费尔巴哈人本主义的信奉者，但是不久后又很快发现了费尔巴哈的形而上学唯物主义即旧唯物主义、直观的唯物主义和人本主义的缺陷和弱点，从而写出了这篇"包含着新世界观的天才萌芽的第一个文献"。

他发现了旧唯物主义的主要缺点，即"对事物、现实、感性，只是从

---

① 《马克思恩格斯选集》第 4 卷，人民出版社 2012 年版，第 219 页。

客体的或者直观的形式去理解，而不是把它们当作人的感性活动，当作实践去理解，不是从主观方面去理解"。费尔巴哈不是扬弃而是简单地抛弃了黑格尔的辩证法，仅仅把人的爱和情欲看作是真正人的活动，没有把人的活动本身理解为客观的活动。不懂得"社会生活在本质上是实践的"。

他发现了费尔巴哈把人的本质仅仅理解为和动物相区别的"族类"本质，也即"理解为一种内在的、无声的、把许多个人纯粹自然地联系起来的共同性"。人只有自然性而失去了社会性。从而把实际上是属于一定的社会形式的人抽象化。

他发现了费尔巴哈把宗教的本质归结为人的本质，把与人的本质相关的、本身就是社会产物的宗教感情，也是撇开历史的进程，只当做抽象的、孤立的、人类个体去观察它，因而完全不是现实的。而实际上，"人的本质并不是单个人所固有的抽象物。在其现实性上，它是一切社会关系的总和"。

他发现了旧唯物主义的立足点是"市民社会"的单个人的直观；而新唯物主义的立足点是社会化了的人类，是历史的社会实践的人。

他还发现了，以往的哲学家们只是在用不同的方式解释世界，而他主张的哲学是改造世界。事实证明也必将一再证明，社会实践、革命的实践是人们认识世界和改造世界的必然之路。

同时我们看到，根据这时马克思的"新观点"，现实的人是属于一定的社会形式的。这就否认了人有共同的、普遍的本质，从而宣告了"人的本质"的理论是不能成立的。他在《提纲》中还具体列出了在费尔巴哈的哲学中（应该说包括此前一切关于人的本质的理论），关于"人的本质"的理论之所以不能成立的两点理由：（1）撇开历史的进程，并假定有一种抽象的——孤立的——人的个体。（2）所以，本质只能被理解为"类"，理解为一种内在的、无声的、把许多个人自然地联系起来的共同性。

第一点就是说，费尔巴哈的人的本质理论无法说明人的历史发展。"他紧紧地抓住自然界和人；但是，在他那里，自然界和人都只是空话。无论关于现实的自然界或关于现实的人，他都不能对我们说出任何确定的东西。但是，要从费尔巴哈的抽象的人转到现实的、活生生的人，就必须把这些人作为在历史中行动的人去考察。"① 第二点是说，费尔巴哈所说的人的本质，只能说明人与动物区别的自然属性，而不能说明人的社会性。人是生活在一定的社会关系之中的，不同的经济的、政治的地位就会有不同的社会意识；人又处在社会历史的发展之中，不同的生产方式，不同的历史阶段，人的本质也不尽相同。一个亿万富豪的本质不同于一个饥饿的失业者的本质；今天一个工业资本家的本质也不同于明清时代一个地主的本质。以往关于"人的本质"，总是包容着古往今来的一切不同的阶级阶层，不同的生产生活方式的一个概念，它包容了一切也就对一切都不能进行说明。所以，一旦涉及人的社会性，人的统一本质就不存在了。

所以，在马克思看来，若一定要给"人的本质"下一个定义，那也不是根源于单个人所固有的抽象的人的概念，而是在其历史进程中有其现实根源上来说，它是一切社会关系的总和。

在其克服了与旧唯物主义的自然主义相一致的人本主义，进而就能从新的社会观点去看人，这就是马克思的"新世界观的天才萌芽"。

---

① 《马克思恩格斯选集》第 4 卷，人民出版社 2012 年版，第 247 页。

这个"新世界观的天才萌芽"后来长成了参天大树，成为人类社会发展规律的重大发现。正如恩格斯在《在马克思墓前的讲话》中所说的那样：

> 正像达尔文发现有机界的发展规律一样，马克思发现了人类历史的发展规律，即历来为繁芜丛杂的意识形态所掩盖着的一个简单事实：人们首先必须吃、喝、住、穿，然后才能从事政治、科学、艺术、宗教等等；所以，直接的物质的生活资料的生产，从而一个民族或一个时代的一定的经济发展阶段，便构成基础，人们的国家设施、法的观点、艺术以至宗教观念，就是从这个基础上发展起来的。因而，也必须由这个基础来解释，而不是像过去那样做得相反。①

在《提纲》之后着重发挥这个"新世界观"的就是《德意志意识形态》。特别是它的第一章"费尔巴哈"，是马克思当时所理解的关于唯物主义历史观的全面论述，其总的思想和主要论点，与《哲学的贫困》和《共产党宣言》的所论一致，也都与上引恩格斯的讲话相一致。

正是在确立了辩证唯物主义，尤其是历史唯物主义的基本原理的基础上，"人的本质"才得到了正确的理解，即"人的本质并不是单个人所固有的抽象物。在其现实性上，它是一切社会关系的总和"。

这个"总和"，既包含了由社会一定发展阶段的生产力所决定的生产关系的总和所构成的经济基础，也包括建立在一定经济基础上的社会意识形态以及与之

---

① 《马克思恩格斯选集》第3卷，人民出版社2012年版，第1002页。

相适应的政治法律制度和设施等的总和所构成的上层建筑。也就是说，从横的方面看，包括人们的物质关系（所有制形式、交换形式、分配形式与管理形式）、精神关系（包括阶级关系、维护这种关系的国家机器、社会意识形态以及相应政治法律制度、组织和设施等）、民族的血统等社会关系的方方面面，以及这些方面的相互矛盾；从纵向看，表现为生产力不断发展，生产方式不断变化，社会关系不断改变的历史。

这种"人的本质"，既是现实存在着的，又是不断地、历史地变化着的。在阶级社会中，它最显著的表现就是它的阶级性。正如马克思、恩格斯在《德意志意识形态》中所表述的那样："某一阶级的个人所结成的、受他们反对另一阶级的那种共同利益所制约的社会关系，总是构成这样一种集体（指一个阶级反对另一个阶级的联合。——引者注），而个人只是作为普通的个人隶属于这个集体，只是由于他们还处在本阶级的生存条件下才隶属于这个集体；他们不是作为个人而是作为阶级的成员处于这种社会关系中的。"又说："个人隶属于一定阶级这一现象，在那个除了反对统治阶级以外不需要维护任何特殊的阶级利益的阶级形成之前，是不可能消灭的。"[①]

那么，具有这种"本质"的人，其实践的内容就是认识世界和改造世界；社会实践方式，主要的就是毛泽东所讲的"生产斗争、阶级斗争和科学实验这三项实践"。

---

① 《马克思恩格斯选集》第1卷，人民出版社2012年版，第570页。

第一辑　人及其实践活动

存在主义

前文提及过，德国古典唯心主义哲学由于青年黑格尔派的分裂，一支经由费尔巴哈的唯物主义最终转变为马克思主义；另一支沿着施特劳斯、鲍威尔、施蒂纳形成形形色色的现代唯心主义，存在主义便是其中一派。

存在主义是由尼采的唯意志论、胡塞尔的现象学、伯格森的生命哲学，加上更早更为直接的克尔凯郭尔的神秘主义哲学所形成的唯心主义人本主义哲学。一般可分为有神论的存在主义、无神论的存在主义和人道主义的存在主义三大类。存在主义成为一种有影响的哲学流派，则起源于20世纪上半叶，20世纪五六十年代达到高潮，在德国以海德格尔为代表，法国以萨特为代表。

鉴于萨特的存在主义不仅在我国文化艺术界影响深远，甚至被标榜为是对马克思主义"忽视人"的一种补缺，是一种所谓的"存在主义的马克思主义"；另外，在我国美学界渐成主流的"实践存在论"，其"存在"便源于海德格尔的存在主义。故本节只对萨特和海德格尔的存在主义做一简单介绍，以备后面美学讨论之用。

其实，存在主义的"存在"不是指客观世界（自然与社会）的存在，而是指"人的存在"；也不是整个人类的存在，而是个体的存在。存在主义者认为，当个体的人存在时，就与人的本质发生了矛盾，因为本质是社会（总体）对个人的一种规定（决定）。如果存在由本质来加以规定的话，个体就失去了选择自己的自由，而人应该是自由的。由此，"存在先于本质""世界是荒谬的，人生是痛苦的""自由选择"是存在主义的三个基本原则，其中"存在先于本质"是存在主义的核心论点。

那么，存在主义关于存在与本质的关系是怎样的呢？

我们知道，在德国古典唯心主义哲学中，人的本质作为观念性的东西，是先于存在（客观世界）的。人的本质在康德那里，是先验的理性，即不可知的"真我"；在黑格尔是理念，人的实体是理念的异化；费尔巴哈认定宗教是人的本质的异化，人把自己的本质当作信仰的对象，而实际上人的本质与人的实体存在是统一的，统一于感性自然。

存在主义者从克尔凯郭尔到萨特，首先一致起来反对黑格尔的本质先于存在的异化观，认为黑格尔的体系限制了个体存在对本质选择的自由。但是他们又走到了另一个极端，即认为"存在先于本质"（萨特）或"人对世界的优先地位"（亦即"此在在世"，海德格尔）。萨特说："所谓'存在先于本质'是什么意义？这话的意思就是说，首先人存在、露面、出场，后来才说明自身，……世间并无人类本性，因为世间并无设定人类本性的上帝。人，不仅就是他自己所设想的人，而且还只是他投入存在以后，自己所志愿变成的人。人，不外是由自己造成的东西，这就是存在主义的第一原理。"① 在这里同反对黑格尔的先于存在的先验唯心的本质一样，他也反对神设的"人类本性"，但是由于他坚持"存在先于本质"，认为人是没有任何本质的存在具有"选择"自己成为什么的绝对自由，因此他也反对马克思主义所坚持的客观的现实社会关系对人的存在的规定，他认为这就是"不要人""忽视人"，是"非人主义""把人吞没在观念里"②。

萨特还说："人是不能被规定的，这是因为在一开始人只是个虚无。人成为什么那是以后的事情，而且那也是他使自己成为什么才成为什么。""假如存

---

① 中国科学院哲学研究所西方哲学史组编：《存在主义哲学》，商务印书馆1963年版，第337页。
② 萨特：《辩证理性批判》，商务印书馆1963年版，第23页。

在确实是先于本质，那么，就无法用一个定型的现成的人性来说明人的行动，换言之，不容有决定论。人是自由的。人就是自由。"①

这种存在主义哲学看似很"自由"，似乎超脱于唯物主义和唯心主义之上，但从历史来看，这种哲学仍然不过是当代资本主义矛盾的产物，它反映着中小资产阶级知识分子在剧烈的社会矛盾中的心理状态，其对个体自由的追求，正像是企图拔着自己的头发离开地球一样的不现实。

他反对客观社会对人的决定，幻想摆脱阶级关系对人的制约，使人成为想要自己成为什么就成为什么的自由，这实质上是一种神性。从反对一切人性，到崇拜抽象的自由，而给人性染上了神性的色彩，是彻头彻尾唯意志论的东西。法国另一位存在主义者让·华尔就指出，萨特自己在这个问题上也是充满了"互相不一致，互相矛盾"②的，从反对上帝设定人类本性到在人的个体存在中设定上帝的本性便可见其一斑。

"对存在的理解本身就确定了此在的存在"是海德格尔的一句名言。在理解人与世界的存在关系时，他认为，在人类出现之后，世界就成为有人的世界，人是世界中的人，形成此在在世的存在；有人的世界才是世界，无人的世界不是世界；人类诞生是世界的起点，世界从有人类开始；人类之前的世界不在现代存在论的视野之内；从人类刚一诞生的源初时刻起，人和世界同时存在，不分彼此，不分谁先谁后。如此，就超越了认识论，超越了主客二分，超越了唯心唯物问题。

---

① 中国科学院哲学研究所西方哲学史组编：《存在主义哲学》，商务印书馆1963年版，第342页。
② 让·华尔：《存在主义简史》，商务印书馆1962年版，第20页。

同萨特一样，在他看来，作为"存在"的人，面对的是"虚无"，孤独无依，永远陷于烦恼痛苦之中。人之所以痛苦，是因为人面对着一个无法理解的荒诞的世界，从而永远只能忧虑和恐惧。正是忧虑和恐惧，才揭示了人的真实存在。人有自我选择和自我控制的自由，忧虑、恐惧使人通向存在，只有存在，才谈得上自我选择的自由，它与光明和快乐相联系。这就是存在主义对"世界是荒谬的，人生是痛苦的"的解释。

海德格尔与萨特略有不同，他认为"决定"包含有人在主观上由于对多种"可能性"做出偶然的、错误的选择的危险性，任何决定都是一种"冒险"。因此，只有对"死亡"的选择才能避免"偶然的、错误的决定"。死，是没有任何别人能代替的"最自己的东西"。"存在"是"走向死亡的存在"，因此，存在哲学也就是死亡哲学。

在这一点上，萨特又认为海德格尔过于悲观了。他认为人偶然地来到了这个世界，面对无理性而又混乱不合理的社会现实和荒谬的生存环境，固然无法左右自己的命运，但不能听任它的摆布，而是要通过行动介入和干预生活，实现自己的人生价值，从而创造自己的本质。他主张，人还应该为自己的行为负责。

萨特还有一套"独特的"辩证法思想。他认为，辩证法是有意识、有目的的自我否定，就是一种自我选择活动。他声称，既没有马克思主义的自然辩证法，也没有黑格尔所说的绝对理念的辩证法，只有人的存在的辩证法。他把这种辩证法称为"存在和认识（或理解）的运动"。这样，辩证法只是同具体的个人相联系而存在。而人是活生生的、实践的，所以辩证法的根源在于个人的"实践"，是个人的实践运动。辩证法只是个人实践的辩证法。所以他的辩证法也被称为"人学辩证法"。

由于存在主义坚持存在先于本质，对于个体存在的意义找不到规定，一旦找到规定，存在主义的整个体系便告瓦解，所以，存在永远处于空虚状态。这样一种子虚乌有的人的存在的本体论决定了其神秘主义性质。克尔凯郭尔说："存在是绝对不可思考的。"海德格尔与萨特都抓住了笛卡尔的"我思故我在"这一唯心的唯理论命题。萨特说："世间绝没有一种真理能离开'我思故我在'，我们凭此，可得到一个绝对真实的自我意识。"① 然而他们一方面抛弃了笛卡尔二元论体系中的物质实体；另一方面抽去了笛卡尔思维实体的理性，在"我思"的这个"思"中注入非理性主义的含义。萨特把"存在"作为"隐而不见的""摸不着，抓不到"的本体，他说："我以为在思考存在的时候，应该相信我什么也没有想，我的头脑是空空的，或充其量头脑里只有一个词：'存在物'。"

存在主义注入"我思"的"思"中的非理性因素，则是他们认为最能表达出个体存在的真实性与深度的"烦心、苦闷、恶心、恐惧"，等等。萨特说："人类的痛苦、需要、情欲、辛劳是一些原生的实在，它们是不可克服的，也不是知识所能改变的。"② 所谓"原生的实在"就是指总是同存在纠缠在一起的这些情欲、情态、情绪、情感等具有人的本体论意义。萨特在一篇名叫《厌恶》（亦译为《恶心》）的小说中，用主人公洛根丁的话来说："如果我存在，那是因为我厌恶存在。……因为对存在憎恨和厌恶，同样都

---

① 中国科学院哲学研究所西方哲学史组编：《存在主义哲学》，商务印书馆1963年版，第350页。
② 萨特：《辩证理性批判》，商务印书馆1963年版，第11页。

是使我自己存在的方式，使我陷入存在的方式。"①

"厌恶存在"就是存在的意义，这是十足的唯心主义非理性主义的人的本体论。

把人的这种悲剧性心理状态当作本原性的观点，实质上是宗教原罪说的翻版。

套用笛卡尔"我思故我在"那句话，存在主义便是"我烦故我在""我苦故我在""我惧故我在"！

我国一位哲学老前辈说得好："存在主义是醉'生'梦'死'的人生哲学。"无论"有多少存在主义者就有多少存在主义哲学"，但是，他们在反对社会关系对人的规定这一点上基本都是一致的，是与马克思主义毫无共同之处的。

---

① 转引自王克千等《存在主义述评》，上海人民出版社1981年版，第154页。

实践的人

唯物辩证法的认识论作为美学的哲学基础,是受到业界普遍肯定的。但在当前我国美学界,"实践美学"和"实践存在论美学"相继占据主流,其代表人物均主张其美学的哲学基础不是以实践为基础的认识论,而是以实践为基本范畴的马克思主义的历史唯物论。前者主张"实践范畴首先是历史唯物主义的基本范畴""历史唯物主义就是实践论"[①];后者主张"马克思实践的唯物主义即唯物史观,本质上就是以实践为中心的现代存在论"[②]。据此,在人的本质问题上,前者提出的命题是"人类学本体论的实践哲学",后者的命题是"实践是人的存在方式"。鉴于二者均以"实践"作为构建自己美学体系的"本体",本节便围绕这一点来展开讨论。

《关于费尔巴哈的提纲》被认为是马克思集中并首次提出科学实践观的一篇文献。在十一条提纲中,其中有七条是直接提及"实践"概念的。

首先,确定了"实践"的内涵是"从主体方面去理解"事物,是"感性的人的活动""人类感性的活动","把感性理解为实践活动的唯物主义"。

其次,这里的"实践"是同"理论"(认识)相对应的一个概念。比如指出费尔巴哈"仅仅把**理论**的活动看作是真正人的活动,而对于**实践**则只是从它的卑污的犹太人的表现形式去理解和确定。因此,他不了解'革命的'、'实践批判的'活动的意义";"人的思维是否具有客观的真理性,这不是一个**理论**的问题,而是一个**实践**的问题";"全部社会生活在本质上是实践的。凡是把**理论**引向神秘主义的神秘东西,都能在人的**实践**中以及对这个实践的

---

① 李泽厚:《论康德黑格尔哲学》,上海人民出版社1981年版,第7页。
② 朱立元:《略论实践存在论美学的哲学基础》《湖北大学学报》(哲学社会科学版)2014年第5期。

理解中得到合理的解决。"

最后,《提纲》着重指出费尔巴哈的"直观的唯物主义"的缺陷,即"他没有批判地克服黑格尔,而是简单地把黑格尔当作无用的东西抛在一边"(恩格斯语)①,"不满意抽象的思维而诉诸感性的直观;但他把感性不是看作实践的,人类感性的活动"。"不是把感性理解为实践活动的唯物主义。"

由上可见,马克思反对黑格尔的思辨唯心主义,继承其能动的辩证法的"合理内核";反对费尔巴哈的直观唯物主义,继承其唯物主义的"基本内核",初步显现出辩证唯物主义的能动的反映论的形成。

那么,从黑格尔的思辨的唯心主义辩证法(理论思辨),经过费尔巴哈否定思辨唯心主义后的直观唯物主义(感性直观),通过否定之否定,再到马克思的辩证唯物主义,"实践"在这里确立成了马克思认识论的基础。有了这样的认识论作为基础,"新唯物主义的立脚点"就既不是囿于**理论的思辨**,也不是"对单个人和市民社会的**直观**",而是"人类社会或社会的人类"。就不是单纯的解释世界,而是通过实践去认识世界,改变世界。马克思主义的唯物史观也即将呼之欲出了。这便是恩格斯所说的"包含着新世界观的天才萌芽的第一个文件"的真正内涵所在。

很明显,这里"实践"不是本体论意义上的概念,而是作为主体和客体的中介,是人们认识世界和改造世界的中介环节。

相对于研究感觉与思维的认识论,和研究方法的逻辑而言,本体论是研究"存在"的哲学。恩格斯说,全部哲学的最高问题是:"思维对存在、精神对

---

① 《马克思恩格斯选集》第4卷,人民出版社2012年版,第248页。

自然界的关系问题。"① 就自然观来说，要回答自然界与精神何者是本原的问题；就历史观来说，同样要回答社会存在与社会意识何者是本原的问题。

恩格斯还指出，思维与存在的关系除了上述这一方面之外，还有另一方面，即思维与存在有没有同一性的问题，也就是要解决世界可知不可知的问题。绝大多数哲学家对这个问题是予以肯定的，另外还有其他一些哲学家否认认识世界的可能性。对于否认论者，恩格斯用"实践"做了回答："一切哲学上的怪论的最令人信服的驳斥是实践，即实验和工业。"②

由此可见，实践作为与理论（认识）相对应的哲学范畴，它是解决思维与存在的同一性问题时的一个概念，也就是说，它是一般所说的认识论的一个基本范畴。

一般来说，实践观点在哲学中究竟占一个什么样的位置，在马克思主义哲学中本来是早已解决了的问题。除了上述马克思、恩格斯的言论之外，列宁也曾指出："生活、实践的观点，应该是认识论的首先的和基本的观点。"③ 毛泽东也同样说过："辩证唯物论的认识论把实践提到第一的地位，……实践的观点是辩证唯物论的认识论之第一的和基本的观点。"④ 这里需要注意的是，实践不是在存在与思维关系上"第一的地位"，而是在认识论中第一的地位。这里所谓的"认识论的首先的和基本的观点"或"第一的地位"，是指实践既是认识世界的唯一的手段与途径，同时又是认识世界的目的——改造世界。

---

① 《马克思恩格斯选集》第 4 卷，人民出版社 2012 年版，第 230 页。
② 《马克思恩格斯选集》第 4 卷，人民出版社 2012 年版，第 232 页。
③ 《列宁选集》第 2 卷，人民出版社 1970 年版，第 142 页。
④ 《毛泽东选集》第 1 卷，人民出版社 1991 年版，第 284 页。

实践，在哲学史上不是什么新概念。在中国古代思想史上，很早就有关于"知"和"行"的关系的探讨。"行"就是指的实践。德国古典哲学家们像康德、费希特和黑格尔等更是把实践提高到人的主观能动性和创造性的活动来认识。因此必须说明，辩证唯物论的认识论包括革命的能动的反映论，在这里有两条界线：一是坚持以反映论为前提划清同形形色色唯心论的界线；一是坚持实践观点以划清与旧唯物主义即直观的唯物主义的界线。这两条界线缺其一便不成其为辩证唯物论的认识论。正如反映论是旧唯物主义早已有的；同样，实践观点，或主观能动性则是唯心主义也早已有的。

实践的位置之所以出现混乱，的确与不能划清这两条界线有关。如果从马克思主义的来源与形成的历史来看，马克思的实践观点不是在历史唯物主义成熟以后才有的，是早在他从唯心主义转变为唯物主义立场之前便已萌芽。接受了费尔巴哈的唯物主义之后，马克思便紧接着在《关于费尔巴哈的提纲》中用实践观点批判了费尔巴哈。正如前文叙述过的，马克思对费尔巴哈的批判并没有抛弃唯物论的反映论，正如他批判黑格尔没有丢掉他的辩证法与实践观点，两者的结合便是革命的能动的反映论，也就是辩证唯物主义的认识论。

马克思主义主张的实践，是作为人的有意识、有目的的活动，是主观见之于客观的认识世界和改造世界的活动，它既有主观性也有客观性，单纯强调任何一方面都是不对的。因为，实践的主观性决定了产生意识的多样性（我们不能否认唯心论者也在实践），而实践的客观性——符合历史进程的活动——决定了意识的真理性。

然而自 19 世纪末以来，西方哲学中出现了一种颇为怪异的思潮，即用

"实践观点"来反对反映论,也就是反对唯物主义的潮流。这种潮流最初是以尼采的唯意志论为代表,这种哲学也讲究世界的"实践性",然而它终于被"超人"的"行动"带向了法西斯主义。此后如萨特的"人学辩证法"、卢卡契的"实践观点"、葛兰西的"实践哲学"等"西方马克思主义"学派,先后对马克思主义提出质疑和曲解,甚至反对。用思维与存在的统一"总体"作为一元化历史运动的实体,或用"与自然不可分地结合在一起的人的活动"来超越或代替"唯物的一元论"与"唯心的一元论"。这些观点的总的特点是:一、反对反映论;二、大谈辩证法与实践观点;三、调和唯物主义与唯心主义。因此,这种观点也叫作"实践一元论",即以"实践"来代替世界的物质本原。

因为实践是人的活动,所以实践一元论很容易与人本主义结合起来。萨特的"人学辩证法"便有此特点。他在20世纪50年代表示要向马克思主义靠拢与"合并"以后,便也大谈"辩证法",大谈"实践"。在他的《马克思主义与存在主义》一文中,说道:"辩证法只不过是实践。辩证法是整体,它是自生和自存的,同时它也可称为行动的逻辑。"他说的"整体"同卢卡契的完全一致,即"辩证法把存在的思维和思维的存在紧密地联系在一起。历史存在和对历史存在的思维,它们的基本范畴是整体的范畴"[①]。就是主观客观统一论。

这种"实践一元论"在中国也有自己的表现方式,那就是在社会历史观上,以实践或"实践存在"来取消独立于社会意识之外的社会存在。比如李泽厚的"历史唯物主义就是实践论",实践"属于物质(客观)第一性范畴";

[①] 参见《哲学译丛》1979年第4期。

朱立元的"唯物史观,本质上就是以实践为中心的现代存在论"。

实践在辩证唯物主义认识论中的地位,我们在前文分析《关于费尔巴哈的提纲》部分时已有过说明。那么,实践在历史唯物主义中的地位和作用是怎样的呢?美学学者徐崇杰在《怎样看待马克思主义的实践观》一文中对此有较好的分析说明,我们择其要点引述如下①:

当把人类的生产劳动作为基本实践确立后,必将进而导致生产力、生产关系和社会存在等有关历史唯物主义范畴的产生。实践范畴便从唯物主义认识论向着历史唯物主义领域推移与转换。

社会存在与社会意识是历史唯物主义的基本范畴,人们的社会存在决定人们的社会意识是历史唯物主义的基本原理。正如《共产党宣言》中讲的:"人们的观念、观点和概念,一句话,人们的意识,随着人们的生活条件、人们的社会关系、人们的社会存在的改变而改变。"② "社会存在"是人所建立的但又是不以人们的主观意志为转移的客观存在。这就是说,社会存在的一系列基本规律,人们可以反映它但不能改变它;当人们正确地认识到社会存在的基本规律时,便可以通过实践能动地推动社会历史前进。与社会存在不同,社会实践则是不能离开人的意识与意志的作用,它是人们有目的的改造自然与社会环境的行为与活动。正如毛泽东所说:"思想等等是主观的东西,做或行动是主观见之于客观的东西,都是人类特殊的能动性。这种能动性,我们名之曰'自觉的能动性',是人之所以区别于物的特点。"③ 实践是"主观见之于客观的东西",而

---

① 《马克思哲学美学思想论集》,山东人民出版社1982年版,第276—279页。
② 《马克思恩格斯选集》第1卷,人民出版社2012年版,第420页。
③ 《毛泽东选集》第2卷,人民出版社1991年版,第477页。

"社会存在"是不以主观为转移的客观存在,两者是不能混淆的,而把实践作为历史唯物主义的基本范畴势必造成两者的混淆。《德意志意识形态》说:"这些个人是从事活动的,进行物质生产的,因而是在一定的物质的、不受他们任意支配的界限、前提和条件下活动着的。"① 人的实践活动不是"天马行空"式的绝对自由的行为,首先它要受自然规律的制约,其次又要受社会存在的规律制约,这些就是"不受他们任意支配的界限、前提和条件"。把实践列为"物质(客观)第一性的范畴"或归为历史唯物主义的基本范畴,就是把人的"能动地表现自己"的行为与这种行为所受制约的"界限、前提和条件"混淆起来。

当实践通过"主观见之于客观"而使主观的东西客观化,也就是发生"精神变物质"的作用,人的实践便物态化,凝固为以人的技术水平与工具(工业化程度)为标志的生产力以及在生产过程中形成的人们之间的关系(所有制、分配),便推移到历史唯物主义范畴。生产力与生产关系成为制约人们实践的客观社会存在中的重要因素。人们改造自然的实践活动不能脱离一定历史阶段的生产力水平,如在石器时代,实践做不出铁器时代的成就,手工作坊中的实践当然不可能达到蒸汽动力时的生产率。关于这一点马克思说得再清楚不过了,他说:"人们不能自由选择自己的生产力——这是他们的全部历史的基础,因为任何生产力都是一种既得的力量,是以往的活动的产物……生产力是人们的应用能力的结果,但是这种能力本身决定于人们所处的条件,决定于在他们以前已经存在、不是由他们创立而是由前一代人创立的社会形式。"②

---

① 《马克思恩格斯选集》第 1 卷,人民出版社 2012 年版,第 151 页。
② 《马克思恩格斯选集》第 4 卷,人民出版社 2012 年版,第 408—409 页。

实践本身与其"结果"当然不是一回事。而作为改造社会的实践之阶级斗争，更不必说是直接由人在生产关系中的不同地位引起的。因为人在实践时的目的与意识活动，归根到底都是取决于人的社会存在。既包括自然也包括社会存在，是不能同实践范畴相混淆的。

从社会观来看，实践一元论的错误就在于，它以实践代替了不以人的意志为转移的客观的社会存在，甚至等同于历史唯物主义，等同于人的存在方式，势必陷入唯心主义。

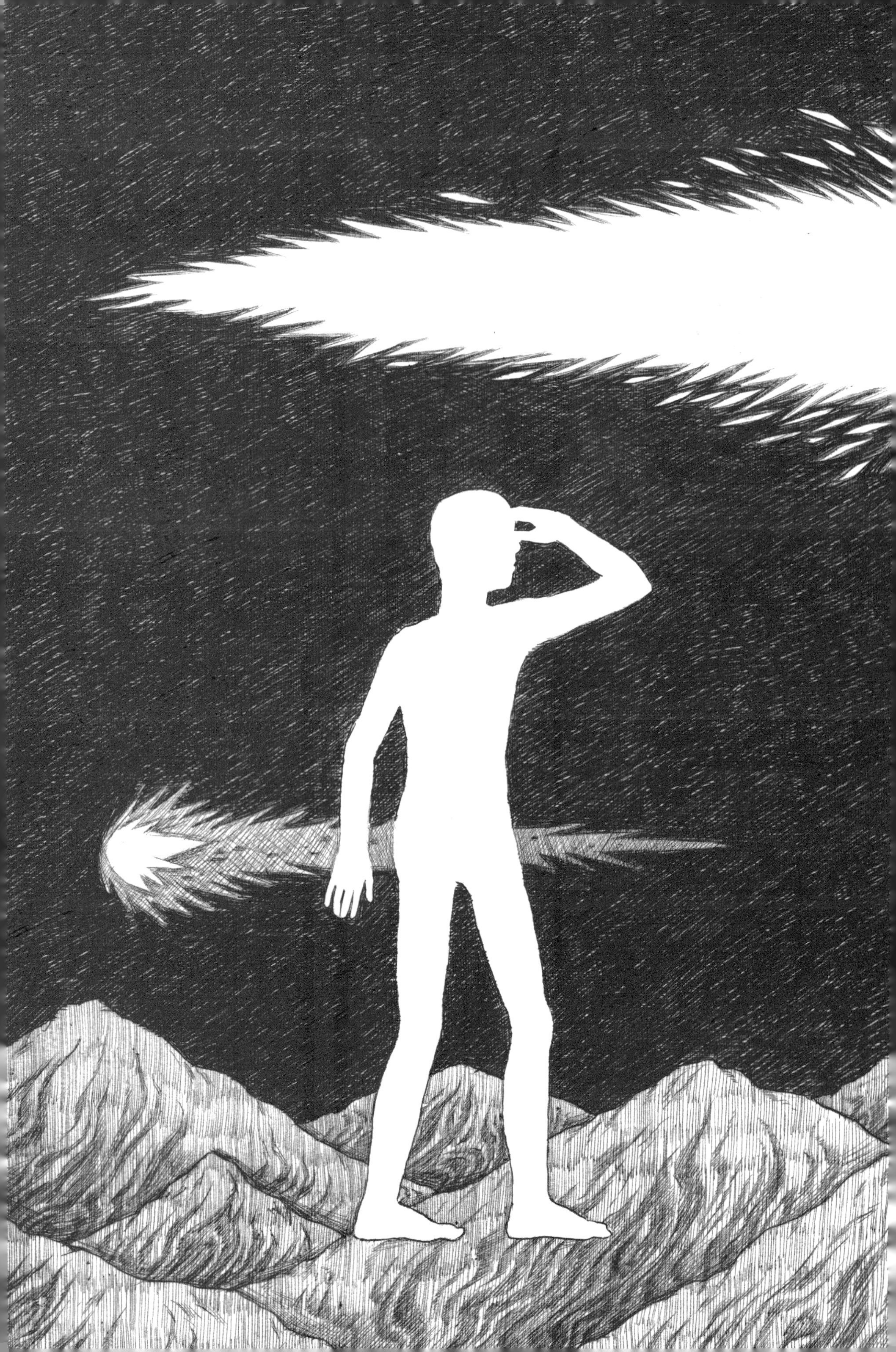

第二辑　美的哲学

社会的进步就是人类对美的追求的结晶。　　　　　　——马克思

056/　德国古典美学

079/　青年马克思的美学思想

第二辑　美的哲学

德国古典美学

德国古典美学,是18世纪末到19世纪初,以康德、费希特、谢林、歌德、席勒和黑格尔等德国哲学家为代表,以康德为奠基者,黑格尔为集大成者所形成的一个美学流派。它是德国古典哲学的一个组成部分,也是以此为理论基础的。这里仍然以康德、黑格尔和费尔巴哈为例,来阐述德国古典美学的产生和形成。

康德的美学观

康德不仅是德国古典哲学的开创者,也是德国古典美学的奠基人。美学也是康德哲学体系的有机组成部分。在他的"三大批判"著作的第三部著作《判断力批判》中,康德对美和艺术问题进行了深入的探讨。①

---

① 给"美学"这门学科正式命名的是德国哲学家鲍姆加滕,他有一部专著叫《Asthetik》,德文中译为"美学",据说是借用日本人的译法。Asthetik这个词源于希腊文,本意是"感觉学"的意思。正如黑格尔所说,这个词"比较准确的意义是研究感觉和情感的科学"。正是在这种意义上,鲍姆加滕使美学成为一种"感性认识论"。在近代,在美学问题中讨论得最多的正是感觉与情感这些和美与艺术相关的能力;休谟和康德也正是把美学思想建立在对情感的讨论之中的。

康德的前两部著作，即《纯粹理性批判》和《实践理性批判》，一个是理论的，是研究现象界的，确定人的认识能力的领域；另一个是道德的，是研究物自体的，确定人的实践能力的领域。前者叫自然哲学（也叫理论哲学），与自然界、自然科学相关；后者叫道德哲学（也叫实践哲学），与人类社会、伦理科学相关。这样，在康德面前就出现了两个彼此独立，各有界限，其间有条不可逾越的鸿沟的世界：一个是以理解力行使职能的现象界，它受自然的必然律支配；另一个则是以理性行使职能的物自体，它不受必然律的支配，它是自由的。前者是自然，后者是道德；前者属于理论认识的范围，后者属于意志信仰的范围。但是，人毕竟不能分成两半。道德的秩序必须符合自然的秩序，道德的法则也必须要在现象界中发挥作用。摆在康德面前的，就是要在自然哲学与道德哲学之间，寻找一个过渡的中介，架设一座桥梁，把两个世界沟通起来，否则，康德哲学体系便难以建立。经过多年摸索，他发现，通过"判断力"这座桥梁，可以把现象界和物自体、把自然的必然和道德的自由沟通起来。《判断力批判》这部著作就是要完成这一任务的。

他在给友人的一封信中说道：

> 我现在正忙于鉴赏力的批判，在这里将发现另一种以前没有发现的先天原则。心灵具有三种能力：认识能力、感觉快乐和不快的能力和欲望能力。我在对纯粹的（理论的）理性的批判里发现了第一种能力的先天原则，在实践的理性的批判里发现了第三种能力的先天原则。我现在试图发现第二种能力的先天原则。虽然我过去曾认为这种原则是不能发现的，但是上述心灵能力的解剖使我发现了这个体系。这个体系，把我

第二辑　美的哲学

> 引上这条道路：我认为到哲学有三个部分……理论哲学、目的论、实践哲学。①

这种情感能力的提出及其先天原则的确立"将做成一个从纯粹认识机能的过渡，这就是说，从自然诸概念的领域达到自由概念的领域的过渡，正如在它的逻辑运用中它使从悟性到理性的过渡成为可能"。"在悟性与理性之间，仍有一个中间分子，这就是判断力。"②

为什么"判断力"能够作为一座桥梁，来沟通现象界和物自体、必然和自由呢？与美学又有何关系呢？这就需要考察康德所说的"判断力"为何物了。

原来，他在《判断力批判》中所说的判断力，不是《纯粹理性批判》中所说的逻辑判断那种判断，而是作为人的心灵所具备的一种认识能力。他认为，这种认识能力，能够把个别纳入一般之中来进行判断。所谓个别，是指作为感官对象的个别事物；所谓一般，是指普遍的规律和原则。在个别与一般的关系中，可以出现两种情况：一是先有一般，然后去找个别，这是规定的判断。科学的判断就是如此。一是先有个别，再去找一般，这是反省的判断。规定的判断是用一般的规律或概念，去说明特殊的个别事物，规定它的性质。例如"花儿是美的"，花儿是个别的事物，美是一般的概念，我们用美的概念来规定花儿的性质。至于反省的判断，情况则不同。不是用一般的概念去规定个别事物的性质，而是个别事物引起我们主观上的某种态度。例如我们看到一朵牡丹，牡丹婀娜多姿的形式引起了我们主观上愉快的感觉，于是我们主观上觉

---

① 李秋零：《康德书信百封》，上海人民出版社2006年版，第109—110页。
② 康德：《判断力批判》上卷，商务印书馆2017年版，第7—9页。

得这朵牡丹是美的。这就是反省的判断。因此，反省的判断是对个别事物表示主观态度的一种判断，它与感情是结合在一起的，为此，康德把这种反省的判断，称之为审美的判断。

因为审美判断是对于个别事物表示主观态度的感情上的判断，所以康德把判断力当成是关于感情的一种认识能力。我们知道，康德把人的心灵分成知、情、意三个部分。有关"知"的部分的认识能力是理解力，这是纯粹的理性；有关"意"的部分的认识能力是理性，这是超于经验之上的实践的理性；有关"情"的部分的认识能力，则正是康德所说的"判断力"。由于"情"介于"知"与"意"之间，它像"知"一样地对外物的刺激有所感受，它又像"意"一样地对外物发生一定的作用，所以判断力也就介于理解力与理性之间。一方面，判断力像理解力一样，它所面对的是个别的局部的现象；另一方面，它又像理性一样，要求个别事物符合于一般的整体的目的。这样，面对局部现象的理解力，和面对理念整体的理性，就在判断力中相遇了。判断力要求把个别纳入整体中来思考，所以判断力能够作为桥梁，来沟通理解力和理性。

但是，理解力所面对的自然现象，是受必然律支配的，没有自由；而理性所面对的整体的理念，如灵魂不灭、上帝等，则是自由的。那么，自然的必然和理性的自由，又怎么能够在判断力中取得和谐和统一呢？康德是用目的的概念，来解决这个问题的。他说在实践理性的道德世界中，是有目的的，这没有问题；问题是在于在自然界中，是否也有目的？首先，如果把自然界当成个别现象来看，它完全受必然律的支配，没有目的。可是，如果把自然界当成整体来看，它就有目的了。例如人的眉毛，就其本身来看，没有什么目的；但如果把眉毛放在面部整体上来看，它就有目的了，它保护人的眼睛等。这样，从自然的整体来看，我们就可以在机械观之外，另外发现一种目的观。《判断力批判》的第二部分，就是讨论这个问题的。其次，我们还可以从自然对于我们人的主观认识方面来看，我们会发现，自然的形式符合于我们人的主观认识的目的。那就是说，一方面，我们人先天地具有主观认识的能力；另一方面，自然的形式经过天意安排，恰好符合我们主观认识的能力。因此，对于我们人的主观能力来说，自然是符合于目的的。这种符合目的，康德称为主观的目的观，也就是审美观。《判断力批判》的第一部分，就是讨论自然现象如何符合主观目的，也就是讨论审美观的。因此，这一部分就成了康德主要的美学理论了。

那么，为什么主观的目的观，就是审美观呢？这是因为当外物的形式符合了我们主观认识的目的，我们会产生一种满足或快乐的感情。这种满足或快乐的感情，具有了普遍性和必然性，就成为一种美感。因此，探讨主观的合目的性的问题，就成为审美判断的问题了。对于个别事物表示主观态度的感情上的认识能力，康德称之为判断力，因此，康德就把他关于美学的著作，列入《判断力批判》之中，成为其中主要的一个组成部分。在这里面所探讨的问题，一方面是引起快与不快的感情的个别现象，另一方面则是要使这种快与不快的感情具有普遍性和必然性，也就是说，使它从快感上升为美感。正因为这样，所以审美的判断也是一种先天的综合判断。快与不快的感情，是主语中本来所没有的宾语，所以对于这种感情的判断是综合判断。而这种判断，又要具有先天的普遍性和必然性，所以它又是先天的综合判断。

在这样一种审美的判断中，一方面，它所面对的是个别的自然现象，受理解力的必然律支配；另一方面，又因为它符合主观的目的，所以它又是自由的。那就是说，实际上是不自由的自然，在审美判断中，它成了想象力自由活动的园地。正因为这样，所以必然与自由、现象界与物自体，终于在审美判断中沟通了起来，取得了和谐和统一。这是康德写作《判断力批判》一个主要的目的，也是他美学的一个主要出发点。只有我们了解了他的这一个出发点，我们才会知道：他的美学与他整个哲学体系的关系，以及他的美学在他哲学中所占有的重要地位。

早在康德写作《判断力批判》的十多年前，康德就发表过一篇名噪一时的论文《对美和崇高的情感的观察》，分别考察了美与情感的对象的区别、一般人的美与崇高的特点、两性关系中美与崇高的区别、以美和崇高的不同情感为基础的民族性问题，等等。论文中康德借助于美与崇高两个范畴，着重论述了人的情感问题。

康德指出，通过美与崇高两个范畴对愉快和不快的情感考察，首先把美和崇高的情感和一般的感官享受以及伦理方面所产生的东西区别了开来。这里的快与不快区别于两种情况：一种是纯粹感官方面的，如大腹便便的贪食者对美味佳肴的快感、商人计算收益时的快感、懒人以听别人朗诵来催自己入眠的快感，等等。虽然这些都是快感，但是，它们都不是以美好高尚的天赋与理性为基础的，因而根本不同于美与崇高的情感。另一种虽然与理性相关，为实现某种伦理目的而得到快感，但这已经越出了情感的范围，进入意志的道德的范围。这两种情况，都不是康德这篇论文所要讨论的。

康德认为，美和崇高的情感都是一种愉快感，但是表现的方式却大不相同。高山大川，狂风暴雨，诗人笔下的地狱，给人一种带有恐怖的愉快感；蜿蜒的小溪，花坛草坪，诗人笔下栩栩如生的维纳斯，给人以美好的愉快感。前面那种带有恐怖（或使人惊异）的愉快感，就是崇高的情感；后面那种美好的愉快感，就是美的情感。崇高的东西使人震动，美的东西令人陶醉；崇高的东西永远是宏大的，美的东西则可能是微小的。

从人的各种禀性来看，康德认为，诚实、正直、朴素、勇敢献身的无私精神等是崇高的，文雅、谦恭、温柔、爱打扮、爱交际等是美的；友谊是崇高的，男女之爱是美的；老年人与崇高相关，年轻人与美相关；崇高的东西使人尊敬，美的东西激起爱情；崇高的情感比美的情感强烈，二者又可以互相补充，没有美的情感，崇高的情感就不能持久。从男女两种不同性别来看，康德认为，女人属于美的类型，男人属于崇高的类型；对女人来说，最大的耻辱就是不招人喜欢，而对男人来说，最大的耻辱则是蠢笨。而男女的结合，使得一个家庭既有男人的智慧，又有女人的风貌情趣。夫妻之间感情的温柔甜蜜只在刚结婚的那段时间才具有最大的浓度，随后，由于共同生活和家务琐事，这种感情逐渐淡漠了，因此，就要想方设法去保住这种感情所剩无几的东西，以防止冷漠和厌烦使两人的结合变得毫无乐趣。

《判断力批判》这部著作正是以对美和崇高的情感考察为基础，运用纯粹的合目的性原理，来考察人的情感能力的。

他以哲学的思辨推论，提出一个"纯粹的合目的性的原理"即"目的论"。他认为，人作为一个整体，不能单纯生活在理论认识和道德规范中，人是有情感的，是需要情感的。对人的情感能力也就是感觉快乐和不快的能力的论述，也顺理成章地表述了他的美学观点，尽管涉足美学并不是康德的直接目的，而是在构建他的哲学体系中自然形成的。

在康德看来，同人的认识一样，审美也可以分为"纯粹的"和"经验的"两类。所谓"经验的"，是指对象刺激人的感官，一方面由感官本身产生表象，一方面又促使人身上的诸种审美能力活跃起来，在表象的基础上形成审美的经验。这种经验显然是后天形成的。但是，除了这种后天的经验之外，康德认为，在审美方面还有一种先天的东西，它不是从经验中产生的，但可以运用于经验；在这种先天的东西中如果丝毫不掺杂经验的东西，这种先天的东西就是"纯粹的"了，把这种"纯粹的"东西和"经验的"东西区别开来，求出它的可能性、原理和范围；同时，又用"超验的""经验的"双重观点去观察事物，这是康德批判哲学体系和方法的一个基本要求。

根据这样一个要求，康德认为，应该把审美问题放到纯粹的合目的性原理下，对它进行一种目的论的考察。在康德看来，一般自然物的基础是机械论；但是，艺术和生命等就不能用机械论来解释，只能用目的论来解释，它们是根据目的而成为可能的。

根据这种纯粹的合目的性原理，审美的愉快既与官能的、伦理的愉快有着本质的不同，又在一定意义上可以看作是官能的和伦理的愉快的综合。康德认为，官能的愉快，产生于动物本能的生理欲求的满足；伦理的愉快，产生于社会生活中道德要求的满足。因此，不论是官能的愉快还是伦理的愉快，都有着明确的功利目的，所以，又都可以看作是"功利的"愉快。但是，审美的愉快则不同，审美的愉快与占有的欲念无关，因此不同于官能的愉快；审美的愉快又与道德观念无关，因此又不同于伦理的愉快；审美的愉快毫无功利的目的，所以，审美的愉快是一种"完全非功利的"愉快。康德又认为，官能的、伦理的愉快都取决于对象的存在，而审美的愉快只取决于对象的形式。对象的形式总是与一定的对象的存在相关，所以，审美的愉快与感性相关；但是，对象的形式并不等于对象的存在本身，因此，审美的愉快又与人的感性无关，而与人的理性相关。这样，审美的愉快就成为一种与理性相关的感性的愉快，形成了一种独特的感性与理性的统一；正是在这个意义上，审美的愉快又可以看作是官能的愉快（感性）与伦理的愉快（理性）的综合和统一。

康德进一步对审美的愉快做出了"纯粹的"规定，以区别于"经验的"。他认为，在审美判断中，如果愉快在先，由愉快产生判断，那么这种审美判断只是个体的、经验的，因而没有普遍性。所以，审美判断只有判断在先，由判断引起愉快，这样才具有普遍性。但是，审美判断与情感相关，它不同于逻辑判断；逻辑判断与思维相关，它运用概念，而审美判断不用概念。所以，审美判断是"无概念而又有普遍性"。

从上述两个方面的规定可以看出，审美的愉快是"非功利"的，这就是说，它没有生理的和伦理的目的；同时，审美的愉快又是"无概念"的，也就是说，它又没有逻辑的认识的目的。从这些意义上来看，审美的愉快是"无目的"的。但是，审美虽"非功利"而"生愉快"，虽"无概念"而"又有普遍性"；这样看来审美的愉快又有着一种"无目的目的性"。当然，审美的愉快无概念但借助于共通感而具有必然性，这一点也可以作为重要佐证。应当指出，在康德看来，审美的愉快没有特定的客观目的，因而是主观的；审美的愉快不取决于对象的存在，因而是形式的。"主观的""形式的"，是康德从情感角度对审美问题的两个重要规定，显示了康德美学以主体能动性为主要内容的基本特色。

康德还认为，美可以分为自然的和艺术的两种。艺术美不同于自然美，艺术美是人工的创造物，而不是有机体的自生物；人根据理性而自由创造的艺术美，在形式方面超越了自然美。人们有时把精美的蜜蜂蜂巢看作是艺术品，这只是因为二者有些相像；但是，它们之间有着根本的区别：蜜蜂造巢是出于本能，而人类创造艺术是基于理性。这种理性与本能的区别，是区别自然美与艺术美的一条基本界线。艺术和科学、工艺都是人类的创造物，但是，它们之间也有不同。在科学方面，比如，别人造出了一个东西，只要你知道他是怎么做出来的，按照同样的方法，你就可以造出同样的东西来；在艺术上则不行，比如，尽管你知道别人画的一幅画用了什么样的色彩、技法等，你却不可能画出一幅具有同样艺术水平的画来。人们从事工艺劳动多出于经济利益的目的，而艺术创作则从这样一种劳动中解脱出来，艺术创作好像是游戏，本身是愉快的、自由的。康德又认为，艺术美虽然不同于自然美，但是只有艺术同时好像是自然时，艺术才成为真正的艺术。这就是说，在艺术作品中，应该除尽人工的痕迹。"在一个美的艺术的成品上，人们必须意识到它是艺术而不是自然。但它在形式上的合目的性，仍然必须显得它是不受一切人为造作的强制所束缚，因而它好像只是一自然的产物。"① 创造这种好像是天生的自然那样的艺术品，艺术家应当具有天生的或者叫天赋的才能，即"天才"。在艺术创造领域里，康德是主张"天才"论的。这种"天才"论，既被作为艺术同科学、工艺区别的基础，又被作为艺术与自然统一的基础。而到了黑格尔那里，更多的是把艺术（作为精神的）和自然（作为物质的）区别开来，更多地强调了艺术美如何高于自然美，而对艺术与自然的联系和统一方面不像康德那么重视。

康德也提出了关于艺术的分类问题的看法。他认为，美的艺术可以模拟人

---

① 康德：《判断力批判》上卷，商务印书馆2017年版，第147页。

类语言中的文字、表情、音调，分为语言的艺术、造型的艺术和感觉艺术等，而从总体来看，三者又可分为表现思想的艺术和表现直观的艺术两大门类。雄辩术和诗是语言的艺术，它们分别以想象力与悟性的不同方式的结合为基础。演说家的目的是为了说明事物，但他说的时候凭借想象力像是做着一种观念的游戏，使听众乐而不倦；诗人凭借想象力描绘事物，但结果是给悟性提供了营养并给悟性的诸概念以生命。造型艺术又可分为两类，一类是形体的艺术，包括雕刻和建筑；另一类是绘画（即线的）艺术，包括绘画和园林艺术。第一类表现感性的真实，第二类表现感性的假象；它们都是观念在感性直观里的表现。音乐和色彩艺术，分别是听觉和视觉等诸种感觉的游戏，所以，可以称之为感觉的美的自由活动的艺术。康德认为，按照审美价值，诗占着最高的等级：诗完全依靠天才而极少受规范的指导。在诗的艺术后面是音乐艺术；按照理性来评定，音乐的价值比其他艺术低；但是，从对于人的情感和影响来看，音乐又最接近于诗。最后是造型艺术。在造型艺术中，绘画居优先地位，一方面是因为绘画作为线的艺术构成其他造型艺术的基础；另一方面是因为绘画能深入到各种观念领域中去，并由此扩大直观的分野，在这一点上又超过了其他艺术。康德的这种艺术分类，是建立在天才论和感性、悟性、理性三分的学说基础之上的，因此，不同于黑格尔的艺术分类；黑格尔的艺术分类，是以精神内容与感性形式的协调与否为基本标准的，并且贯穿了历史与逻辑相统一的原则。康德的艺术分类虽然有着某种逻辑感，但缺乏历史感。另外，诸如把园林艺术作为一种绘画艺术来看待，又把绘画作为线的艺术同色彩艺术划作两种不同的类型等，显得十分勉强，使人难以理解。

黑格尔的美学观

黑格尔的美学，同样是他的哲学体系中的一个组成部分，而且是在继承和综合了前人研究的基础上，建立起来的一个相当完整的客观唯心主义的美学体系。但黑格尔的美学同康德美学相比，却各有侧重。康德重视个体心理，重视感性，企图把一切美学问题都通过主观心理矛盾的分析加以解决，实际上把美学等同于审美心理学，未能构建成系统的美学。黑格尔重视历史总体的辩证法，但是历史在他这里不过是绝对理念辩证发展的历史，美只不过是绝对理念历史发展的一个阶段的产物，心灵理念外化的产物即艺术，这实际上是把美学等同于艺术理论。因此，如果说康德的美学基本上还是一种情感学的话，那么，黑格尔的美学就是一种艺术哲学了。正如黑格尔自己所说：美学过去之所以被称作为 Asthetik，是因为当时"人们通常从艺术作品所应引起的愉快、惊赞、恐惧、哀怜之类情感去看艺术作品"的，所以，鲍姆加滕就给美学起了这样一个名字，把它作为一种研究感觉和情感的科学，使它成为哲学的一个部门。而在黑格尔看来，美学"所讨论的并非一般的美，而只是艺术的美"，以艺术为对象的美学应该叫作"'艺术哲学'，或则更确切一点，'美的艺术的哲学'"①。(尽管黑格尔的多卷本《美学》仍然沿用 Asthetik"感觉学"这个名称)。"美的艺术的领域就是绝对心灵的领域"，"艺术是和宗教与哲学属于同

---

① 黑格尔：《美学》第 1 卷，商务印书馆 2017 年版，第 3 页。

一领域的"①。在黑格尔这里，艺术作为一种独立的社会意识形态，获得了与宗教、哲学相类似的独立的地位，对艺术的专门的哲学考察也就成了一门独立的学科。这是康德所未能做到的。

但是，黑格尔的美学，却不是研究人对现实的审美关系，研究艺术如何反映客观现实的美，而是服从于他的客观唯心主义哲学体系的需要，研究艺术在绝对理念发展到最高阶段时，如何作为绝对理念自我认识的一种手段。从他的"美是理念的感性显现"这句美学名言中，我们就能知道，美学在黑格尔的哲学体系中，是属于绝对精神自我认识的低级阶段。它不同于哲学，不是通过抽象的概念来认识自己，而是通过感性的形象来显示自己。

然而，这并不意味着"美是什么"就是个能够简单回答的问题。他说："乍看起来，美好像是一个很简单的观念。但是不久我们就会发现：美可以有许多方面，这个人抓住的是这一方面，那个人抓住的是那一方面。"那么，美究竟是什么呢？"美就是理念，所以从一方面看，美与真是一回事。这就是说，美本身必须是真的。但是从另一方面看，说得更严格点，真与美却是有分别的……真，就它是真来说，也存在着。当真在它的这种外在存在中是直接呈现于意识，而且它的概念是直接和它的外在现象处于统一体时，理念就不仅是真的，而且是美的了。美因此可以下这样的定义：美就是理念的感性显现。"②

他自己解释说："这个概念里有两重因素：首先是一种内容，目的，意蕴；其次是表现，即这种内容的现象与实在——第三，这两方面是相互融贯的，外

---

① 黑格尔：《美学》第 1 卷，商务印书馆 2017 年版，第 122 页。
② 黑格尔：《美学》第 1 卷，商务印书馆 2017 年版，第 21、142 页。

在的特殊的因素只显现为内在因素的表现。"① 这就是说，在"美是理念的感性显现"这一定义里，包括三个方面：一是理念，这是内容、目的、意蕴；二是感性显现，这是外在的表现；三是这两方面的统一，即理性和感性、内容和形式、一般和特殊的统一。

首先，第一点好理解。在黑格尔这里，整个世界都是理念创造出来的，宇宙万物都是从理念派生出来的，那么，美和艺术必然也是理念创造出来的，从而美的本质就是理念，美就是理念。同时，从他的哲学体系上来讲，只有理念才是真实的，因此，美的理念必然也是真实的。所以他说："美与真是一回事。"

其次，"感性显现"是什么意思呢？"感性"就是人们能够从感觉上去把握，看得见，听得到，等等；至于"显现"就有些深奥难懂了。据翻译黑格尔《美学》的朱光潜先生解释，"美的定义中所说的'显现'有'现外形'和'放光辉'的意思，它与'存在'是对立的"②。对理念为什么要把自己显现为感性形象，美学家蒋孔阳先生是这样解释的：在黑格尔看来，"理念作为人的心灵的自由活动，它需要通过外在的感性形象，来观照和认识它自己。美和艺术的根本特征之所以是形象，就因为美和艺术起源于理念要把自己显现为感性形象的需要"③。

最后，感性显现是理念的自我显现，二者的统一，在黑格尔的辩证法看来，则是顺理成章的了。

美是理念的感性显现。显现在自然中就是自然美，显现在艺术中便是艺术

---

① 黑格尔：《美学》第1卷，商务印书馆2017年版，第122页。
② 朱光潜：《西方美学史》下卷，人民文学出版社2017年版，第519—520页。
③ 蒋孔阳：《德国古典美学》，商务印书馆1980年版，第239页。

美。但在黑格尔认为，自然不能充分地显现理念，因此不够美，只有艺术才能真正地显现理念，因此，只有艺术才是真正的美。而且在这两种美中，艺术美高于自然美。

为什么呢？第一，黑格尔说："因为艺术美是由心灵产生和再生的美，心灵和它的产品比自然和它的现象高多少，艺术美也就比自然美高多少。"① 第二，在黑格尔唯心主义哲学体系看来，只有心灵性的理念才是真实的。至于自然，只不过是理念的异化，因此自然本身就是不真实的，自然的美也就不那么真实。第三，作为科学研究的对象来说，黑格尔认为自然美"概念既不确定，又没有什么标准"。自然美的范围很广泛，从天上到地下，到处都有自然美，很难把握；同时，各种自然事物的美之间，又很难比较，难以找出它们共同的美的标准，因此，很难研究。艺术美却不同，它有明确的对象和标准，因此，他认为美学只应当研究艺术美。

关于"艺术美高于自然美"的这个"高于"，黑格尔又进一步解释说：讲的不是艺术美与自然美的某种量的表面的相对的区别，而是一种根本性的质的区别。他说："只有心灵才是真实的，只有心灵才涵盖一切，所以一切美只有在涉及这较高境界而且由这较高境界产生出来时，才真正是美的。就这个意义来说，自然美只是属于心灵的那种美的反映，它所反映的只是一种不完全不完善的形态，而按照它的实体，这种形态原已包含在心灵里。"② 黑格尔这样一种关于艺术美与自然美的关系的论断，从哲学的最基本的问题即自然与精神、存在与思维的关系上来看，黑格尔正因为艺术美属于精神的

---

① 黑格尔：《美学》第1卷，商务印书馆2017年版，第4页。
② 黑格尔：《美学》第1卷，商务印书馆2017年版，第5页。

范围、自然美属于自然的范围，才把艺术美看得高于自然美，并且还认为精神的美是自然美的本源。即是从美的理念出发，经过自然美的中介，产生了艺术美。所以，在美学领域里，黑格尔同样坚持精神第一性、物质第二性的唯心主义主张。这是黑格尔美学思想的基本立场之一。这一基本立场，是与黑格尔对人的本质的看法、对劳动（精神劳动）的本质的看法相一致的。

黑格尔的《美学》共有三卷本，是在他去世后，由他的学生根据讲稿和听课笔记整理出版的。这本书的内容，分三大部分：第一部分讲美的概念和美学的一般基本原理；第二部分讲象征艺术，古典艺术与浪漫艺术三大时期辩证发展的历史过程和每个时期的特点；第三部分讲与这三个时期或三种类型相应的各种艺术，即建筑、雕刻、图画、音乐和诗，其中重点在诗，即我们一般人所了解的文学。

黑格尔把艺术看作是人的创造物，它从属于人的整个历史发展进程，从而艺术本身也有一个产生、发展和消亡的历史过程。这是他的历史的客观唯心主义的反映，也是最值得称道的地方。

费尔巴哈的美学见解

费尔巴哈用人本主义的唯物主义哲学去批判康德、黑格尔,试图恢复自然、感性的应有地位,承认"物质不是精神的产物,而精神本身只是物质的最高产物。这自然是纯粹的唯物主义"①。但是由于他在历史观上陷入了唯心主义,因而在美学学科上没有取得什么建树。

费尔巴哈也没有像黑格尔那样,把艺术问题放到哲学体系中去构造,没有作为自己哲学体系的一个独立的部分,并写出具有重要影响的美学专著来。费尔巴哈固然重视人的情感问题,但是,他主要是通过这种情感问题去确立一种宗教观,而不是像康德那样去建立一种美学观。不过,费尔巴哈在《基督教的本质》《黑格尔哲学批判》《未来哲学原理》等主要著作中,还是通过他对哲学基本问题的论述发表了对艺术问题的一些重要见解。

费尔巴哈把美学思想建立在他的自然主义、人本主义的哲学基础上。他说,艺术"只是真正的人的本质的现象或显示"②。艺术只是人的对象,而不是动物的对象;对象不同,表明主体的本质不同;从艺术这种对象中表明的,只是人的本质,而非动物的本质。一个真正的、完善的人,"只是具有美学的或艺术的,宗教的或道德的,哲学的或科学的官能的人"③。当然,费尔巴哈认为,如果动植物也具备人的审美感官和能力的话,它们也会知道什么是美

---

① 《马克思恩格斯选集》第4卷,人民出版社2012年版,第234页。
② 《费尔巴哈哲学著作选集》上卷,商务印书馆1984年版,第184页。
③ 《费尔巴哈哲学著作选集》上卷,商务印书馆1984年版,第33页。

的。"如果植物也有眼睛、趣味、判断力的话,每一种植物都会争说自己的花朵是最美的。"① 但是,在费尔巴哈看来,动植物的本质不超出它们的需要,它们的需要决定了动植物的本质,从而决定了它们不具备人的审美感官和能力。

审美感受是人自己的审美活动的产物,审美活动也是一种人对自身美的确认和肯定。费尔巴哈用照镜子作比方,说:"人照镜子,他对自己的形体有一种快感。这种快感是他的形体完满和美丽的一个必然的、自然的结果。美丽的形态是满足于自己的,它必然对自己有一种喜悦,必然反映在自身之内。"② 西塞罗曾经说过:"在人看来,人是最美的。"费尔巴哈引用了这句话,并且指出,这样说并不意味着人不承认动植物自然界的美,也不是人不会欣赏动植物的形态美和一般自然的美;但是,人之所以能够看出并欣赏动植物自然界之美,正因为人自身的美要高于动植物自然界之美,费尔巴哈说:"只有绝对的、完善的形态,才能毫不妒忌地喜爱别的东西的形态。"③

人的审美活动除了是对人的美的本质的确认和肯定之外,也是对人自己的审美能力这种本质力量的确认和肯定。即艺术的本质就是人的本质,艺术是人的本质的表现:"即使我并不是一个画家,没有力量由自身产生出美来,但是,既然我能够知觉到自身以外的美,那就说明我还是具有审美的感情和理智。"④ 人的审美能力有高低之分,没有审美能力的人,是无法感受到美的。他说:

---

① 《费尔巴哈哲学著作选集》下卷,商务印书馆1984年版,第33页。
② 北京大学哲学系外国哲学史教研室编译:《十八世纪末—十九世纪初德国哲学》,商务印书馆1975年版,第488页。
③ 《费尔巴哈哲学著作选集》下卷,商务印书馆1984年版,第32页。
④ 《费尔巴哈哲学著作选集》下卷,商务印书馆1984年版,第54—55页。

"如果我的灵魂在审美方面低劣不堪,那我怎么能够欣赏一张绝美的绘画呢?"① "理性的对象就是对象化的理性,感情的对象就是对象化的感情。如果你对于音乐没有欣赏力,没有感情,那么你听到最美的音乐,也只是像听到耳边吹过的风,或者脚下流过的水一样。那么,当音调抓住了你的时候,是什么东西抓住了你呢?你在音调里面听到了什么呢?难道听到的不是你自己心的声音吗?因此感情只是向感情说话,因此感情只能为感情所了解,也就是只能为自己所了解——因为感情的对象本身只是感情。音乐是感情的一种独白。"②

黑格尔把艺术看成是人的"自我创造",看成是理念的"外在化"。和费尔巴哈把艺术看成是人的本质的对象化,二者在讲法上似乎并没有多大的差别,但是在实质上却有根本的不同。黑格尔是从精神性的理念出发,费尔巴哈则是从感觉的自然的人出发。黑格尔是理念显现为感性的形象,是唯心主义的;费尔巴哈则是人自己把自己对象化为艺术的形象,人是物质的、现实的,因此是唯物主义的。只是,黑格尔看到了人在对象化的时候对于外界的改造作用,看到了思维的能动作用;而费尔巴哈则看不到这一能动作用,他只是把人与人的对象看成是直观的关系,看成是被动的反映关系。这样,在对象化的过程中,他看不出更多的东西。他抛弃了黑格尔的辩证法,结果反而比黑格尔后退了。

人的审美能力和观念有一个历史发展的过程,同人类文化的发展进程相一致,因而有着某种历史的规定性。这样一种对人的审美能力和观念的历史考

---

① 《费尔巴哈哲学著作选集》下卷,商务印书馆1984年版,第54页。
② 北京大学哲学系外国哲学史教研室编译:《十八世纪末—十九世纪初德国哲学》,商务印书馆1975年版,第490页。

察，费尔巴哈是在宗教发展进程的揭示中提出的。他说："当人还是单纯的自然人时，他的上帝就也是单纯的自然神。人住到房子里去，他就也将他的上帝搬进教堂里去。教堂只表明人对美丽的建筑物的珍重。崇奉宗教的教堂，其实乃是崇奉建筑艺术的教堂。随着人由野蛮蒙昧的状态上升到文化，随着人能够辨别什么事情是对人礼貌的和什么事情是对人不礼貌的，同时也产生了对上帝礼貌和不礼貌的事情的区别。……只有后期的一些有教养的希腊艺术家，才在神像中使尊严、大度、肃穆和欢乐之概念具体化。……荷马史诗中的神灵，也吃也喝，这就是说，吃喝是一种属神的享受。体强力壮，是荷马史诗中神灵的一种特性：宙斯是神灵中的最强者。为什么呢？就因为体强力壮、自在自为地是某种可能的、属神的东西。"① 在这里，费尔巴哈揭示了宗教生活的世俗基础，说明它们都是人的世俗生活的反映，可以到粗糙低下的人的衣食住行的尘世生活中找到它们的依据。曾经依附于宗教的艺术当然也是如此，从中可以看出人的审美能力和观念的发展的世俗基础。

在考察了美的事物作为人的对象以及从中显示的人的本质之后，费尔巴哈又考察了艺术的对象和艺术的本质。针对过去的绝对哲学把感觉排斥到现象的有限范围内，而把艺术的对象规定为某种绝对的东西，如理念。费尔巴哈认为，艺术的对象根本不是那种绝对的东西，"艺术的对象乃是——在叙述艺术中间接地是，在造型艺术中则是直接地是——视觉、听觉、触觉的对象。因此不但有限的、现象性的东西是感觉的对象，真实的、神圣的实体也是感觉的对象。感觉乃是绝对的官能"②。

---

① 《费尔巴哈哲学著作选集》下卷，商务印书馆1984年版，第46—47页。
② 《费尔巴哈哲学著作选集》上卷，商务印书馆1984年版，第171页。

他认为，"艺术在感性形式之中所表现的也不是别的，只是与感性形式不可分离的，为感性所固有的感性本质"①。所以，在费尔巴哈看来，艺术的本质不是观念，而是感性直观。这样一种感性直观不是实践的直观，而是理论的直观。"实践的直观，是不洁的、为利己主义所玷污的直观，因为，在这样的直观中，我完全以自私的态度来对待事物；它是一种并非在自身之中得到满足的直观，因为，在这里，我并不把对象看作是跟我自己平等的。与此相反，理论的直观却是充满喜悦的、在自身之中得到满足的、福乐的直观，因为，它热爱和赞美对象；在自由知性之光中，对象像金刚石一样闪发出异样耀目的光辉，像水晶一样清澈透明。理论的直观是美学的直观，而实践的直观却是非美学的直观。"② 他还认为，只有理论才揭示世界的庄丽；理论的欢乐，是生活中至美的精神欢乐。把艺术的感性直观看作是理论的直观的同质的东西，从这里也可以看出费尔巴哈对自然科学的极大推崇，费尔巴哈的美学思想无疑也受到其自然科学观的很大影响，是一定的哲学与自然科学相结合的产物。

他又认为，只有在人与人和睦相处的时候，才会产生感情，人们的爱如果得不到响应，一定会带来最大的痛苦；从这个意义上讲，爱"是诗之源泉"。

费尔巴哈由人的情感问题又进一步涉及了人的此岸生活问题。他说："产生艺术的，是那种以此岸生活为真实生活、以有限者为无限者的感情。"③

---

① 《费尔巴哈哲学著作选集》下卷，商务印书馆1984年版，第172页。
② 《费尔巴哈哲学著作选集》下卷，商务印书馆1984年版，第235—236页。
③ 《费尔巴哈哲学著作选集》上卷，商务印书馆1984年版，第105页。

应该说，费尔巴哈已经提出了一种新的美学的自然主义和人本主义的一些重要的原则和方法，但是，他本人没有使这种新美学以比较完备的体系形态出现。而在这一方面，这位德国哲人的俄国学生车尔尼雪夫斯基则做出了独特的贡献。我们可以把他看作费尔巴哈所提出的那种新美学的体系的完成者。

第二辑　美的哲学

青年马克思的美学思想

马克思主义的理论体系也有一个形成、发展和成熟的过程。就马克思本人来说,其政治思想经过一个由革命民主主义向共产主义的转变过程;哲学思想则是从黑格尔的唯心主义,中间经过费尔巴哈的人本主义,直至创建辩证唯物主义和历史唯物主义。列宁把这个转变过程浓缩在了三四年时间,他说:"马克思在1844—1847年离开黑格尔走向费尔巴哈,又超过从费尔巴哈走向历史(和辩证)唯物主义。"① 其实还可以再具体一些。

从时间上来说,按照列宁在《国家与革命》中的说法,1847年的《哲学的贫困》和《共产党宣言》已经是成熟的马克思主义的最初著作了。这一点,也可以从同为马克思主义缔造者的恩格斯这里得到印证,他说:"我们的这一世界观,首先在马克思的《哲学的贫困》和《共产党宣言》中问世。"②

同时,根据我国著名美学家蔡仪的研究,再往前追溯两年,1845年作为"新世界观""萌芽"的《关于费尔巴哈的提纲》和基本采用唯物史观全面论述的《德意志意识形态》等著作,就可以看作是这种成熟著作的直接准备了。

那么,1845年以前呢?这是一个马克思的思想剧烈转变的时期。

1841年马克思大学毕业,其博士论文《德谟克利特的自然哲学和伊壁鸠鲁的自然哲学的差别》,是写关于古希腊唯物主义哲学家的,但当时作者的观点却是黑格尔唯心主义的。不过,作为青年黑格尔派左派的青年马克思,重视辩证法,对当时的政治和宗教持极端反对立场,所以很快就超越了黑格尔唯心主义。

就在1841年秋季,当马克思读到费尔巴哈的《基督教的本质》时,即刻

---

① 列宁:《列宁全集》第55卷,人民出版社1990年版,第293页。
② 《马克思恩格斯选集》第3卷,人民出版社2012年版,第383页。

被费尔巴哈极具批判精神的唯物主义所折服,正如恩格斯所讲的:"这本书的解放作用,只有亲身体验过的人才能想象得到。那时大家都很兴奋:我们一时都成为费尔巴哈派了。马克思曾经怎样热烈地欢迎这种新观点,而这种新观点又是如何强烈地影响了他,(尽管还有批判性的保留意见),这可以从《神圣家族》中看出来。"① 在此后的一两年间,即 1842 年到 1843 年间,费尔巴哈相继发表了一系列文章,明确提出自己的人本主义思想和原则,这些思想对马克思产生了很大的影响。

他在 1843 年 3 月 13 日写给卢格的信中说:"费尔巴哈的警句只有一点不能使我满意,这就是,他过多地强调自然而过少地强调政治。"② 说明尽管有所保留,但此时的马克思基本还是费尔巴哈人本主义者。

1843 年 10 月写作《黑格尔法哲学批判》,表明马克思已经公开告别黑格尔的客观唯心主义。

1845 年春季写作《关于费尔巴哈的提纲》,说明马克思又告别了费尔巴哈直观唯物主义,表现出了"新世界观的天才萌芽";同年秋季,与恩格斯合写《德意志意识形态》,基本上是在运用唯物史观阐述问题了。

"青年马克思"时期可以确定为从 1841 年大学毕业提交博士论文《德谟克利特的自然哲学和伊壁鸠鲁的自然哲学的差别》到 1845 年春写就《关于费尔巴哈的提纲》为止的五年期间,也就是 23 岁至 28 岁期间。而今天人们只要提及"青年马克思",尤其是关于他的美学思想论述,总是与他的

---

① 《马克思恩格斯选集》第 4 卷,人民出版社 2012 年版,第 228 页。
② 《马克思恩格斯全集》第 27 卷,人民出版社 2016 年版,第 442—443 页。"警句"应当是指费尔巴哈的《关于哲学改造的临时纲要》。

《1844年经济学—哲学手稿》（以下简称《手稿》）联系最为紧密。这是有原因的。

由于《手稿》是在1932年才被发现并整理出版的，是马克思生前没有写完的残稿，是"自己还感到有许多不满意的地方"[①]，因而不打算再写下去的未定稿。因此未见马克思、恩格斯更多地提及，列宁更是未曾见到过，自然没有相关论述或评论。《手稿》在出版后，尤其是在西方马克思主义的过分解读下，出现了"青年马克思"和"老年马克思"的划分，甚至认为"青年马克思"是马克思主义"缺失"人道主义的一种补缺，这引起了极大的争议。具体到我国，甚至出现了两种完全对立的意见。一种观点认为，《手稿》不仅大量使用黑格尔，尤其是费尔巴哈的"异化""本质异化"等哲学术语，而且在根本观点上是费尔巴哈的人本主义，历史观还是唯心主义的，很多主张甚至是根本错误的，因此不是马克思主义的。另一种观点则认为，《手稿》与马克思主义是一脉相承的，尤其是对马克思主义美学具有奠基意义。

下面我们分别讨论在《手稿》中涉及的三个提法，以及在美学界引起的广泛争论：一是关于"人的本质对象化"，二是关于"自然人化"，三是关于"美的规律"。

---

① 《马克思恩格斯全集》第27卷，人民出版社2016年版，第18页。

关于"人的本质对象化"

马克思说:"共产主义是私有财产即人的自我异化的积极的扬弃,因而是通过人并且为了人而对人的本质的真正占有;因此,它是人向自身、也就是向社会的即合乎人性的人的复归,这种复归是完全的复归,是自觉实现并在以往发展的全部财富的范围内实现的复归。这种共产主义,作为完成了的自然主义,等于人道主义,而作为完成了的人道主义,等于自然主义;它是人和自然界之间、人和人之间的矛盾的真正解决,是存在和本质、对象化和自我确证、自由和必然、个体和类之间的斗争的真正解决。它是历史之谜的解答,而且知道自己就是这种解答。"①"历史之谜"就是指的"人的本质"问题。

按照《手稿》当时的思想认识水平,马克思还认为阶级和私有制产生的根源在于人的本质的异化,实现共产主义,就是实现人性的复归,就是消除人的本质异化。弄清人的本质问题,就是《手稿》不可缺少的议题。所以,"人的本质的异化""人的本质对象化"和"自然人化"都是《手稿》在涉及人的本质论述时提出来的。

根据美学家蔡仪对《手稿》的研究,"人的本质"在《手稿》中有三种提法:一是说到"劳动异化"时,提出"人的本质的异化",这时人的本质指的是"劳动";二是在论述"族类本质"时,说的是"自由的意识活动是人类的族类特征","有意识的生活活动直接把人类和动物区别着",这里把人的本质

---

① 马克思:《1844年经济学—哲学手稿》,人民出版社2018年版,第77—78页。

归结为族类的本质；三是提出人的"全面的本质"，包括"视觉、听觉、嗅觉、味觉、触觉、思维、直观、感觉、愿望、活动、爱——总之，他的个体的一切官能"，并概括为："不仅五官感觉，而且所谓的精神感觉、实践感觉（意志、爱，等等）"，把人的本质归结为人的特有的"感觉"。

上述三种"人的本质"，都是在区别于动物的前提下表述或概括出来的，因此，这种"人的本质"强调的是人的自然性，而较少社会性；这种"人的本质"除了在内容上不同于费尔巴哈的情感和爱之类，区别于费尔巴哈的直观而包含有人的能动性而外，认识原则上同费尔巴哈一样，遵循的都是人本主义和自然主义，是把人和自然作为统一体来看的。比如下面这段话就最能说明这一特点："在实践上，人的普遍性正是表现为这样的普遍性，它把整个自然界——首先作为人的直接的生活资料，其次作为人的生命活动的对象（材料）和工具——变成人的无机的身体。自然界，就它自身不是人的身体而言，是人的无机的身体。人靠自然界来生活。这就是说，自然界是人为了不致死亡而必须与之处于持续不断的交互作用过程的、人的身体。所谓人的肉体生活和精神生活同自然界相联系，不外是说自然界同自身相联系，因为人是自然界的一部分。"① 这说明，自然是人的无机的身体，人和自然统一为一体了。

我们暂且抛开一年后，即 1845 年春马克思在《关于费尔巴哈的提纲》中提出的"在其现实性上，是一切社会关系的总和"的人的本质表述，单看《手稿》中这三种"人的本质"的表述，结合人和自然成为统一体的主张，那

---

① 马克思：《1844 年经济学—哲学手稿》，人民出版社 2018 年版，第 52 页。

么就可以得出结论,"人的本质力量的对象化"就是自然界。

劳动的对象化一般来说就是劳动产品;区别于动物的"族类特征"的"自由的意识活动""有意识的生活活动"对象化后的东西难有所指,笼统地讲这种"活动"就是实践活动则不免牵强;"感觉"对象化的东西就更难以捉摸,难以确定了。也许马克思下面这句晦涩深奥的话为"美是人的本质力量的对象化"提供了佐证:"对于没有音乐感的耳朵来说,最美的音乐也毫无意义,音乐对它说来不是对象,因为我的对象只能是我的一种本质力量的确证。"①

当然,我们是就《手稿》本身来讲的。至于"美是人的本质力量的对象化",并不是《手稿》中直接得出的命题,而是我国实践美学主要代表人物李泽厚先生,于1962年在《哲学研究》第2期上的《美学三题议——与朱光潜先生继续辩论》一文中提出的。李泽厚认为,"美"是人在实践过程中看到自己本质力量的对象化,看到自己实践的被肯定,看到自己的理想的实现或看到自己的理想,于是必然地引起美感愉快。他这里的"本质力量对象化"是特指物质性的现实实践活动,主要是劳动生产,并不包含人的意志、情感、意识、思想,等等。

这一美学命题提出之后,同是实践美学代表人物的刘纲纪又进一步做了发挥。刘纲纪认为,"美"实质上是人通过符合规律的实践活动把自己的智慧、才能和力量自由地对象化后的创造物,"美感"即是人在看到创造物时所产生的一种超越功利的愉悦情感。②

美学家蒋孔阳先生则对这一命题做了专门的研究,拓展了"实践"概念的

---

① 马克思:《1844年经济学—哲学手稿》,人民出版社2018年版,第83页。
② 刘纲纪:《美学与哲学》,湖北人民出版社1986年版,第77—78页。

范围，并进行了全面的论述。他认为："美离不开人，是人创造了美，是人的本质决定了美的本质。通过实践活动，人把自己的本质力量在客观现实中实现出来，使现实'成为人自己本质力量的现实，一切对象对他说来成为他自身的对象化'。正是在这个意义上，我们说：美是人的本质力量的对象化。"①

人的本质力量究竟是一种什么东西呢？蒋孔阳先生从两个方面做了阐述：②

第一，人的本质力量见于人与动物的区别之中。任何特殊的存在，都有其区别于其他存在的特殊本质。人，作为区别于动物的特殊的类的存在，也自然有他不同于动物的本质。这种本质在人的活动中多方面地表现出来，构成人与周围环境建立各种联系的人的前提和基础，人的机能和活力。比如动物没有意识，人却有意识；动物不能制造生产工具，人却可以制造生产工具等。这种意识，这种制造工具的能力，就属于人的本质力量了。这是人的本质力量的"质"的规定性——"人的本质力量不同于动物的本质力量"。

第二，人的本质力量是人类最先进的一些品质、性格、思想、感情、智慧和才能等。前面所阐述的一层含义，是相对于动物而言，但是，本质地区别于动物的，是否就都算是人的本质力量呢？不然。人的本质力量除了有上述"质"的规定之外，还具有人自身的"量"的规定，它是人类发展的历史的尺度或标准。在一定的历史阶段上，它应该是人在那一阶段上所能达到的"最先进的一些品质、性格、思想、感情、智慧和才能等"。对于一个人来说，它也应该是"最能反映他这一个人的那些品质、性格、思想、感情、智慧和才能等"。

---

① 蒋孔阳：《美在创造中》，广西师范大学出版社1997年版，第56页。
② 高楠：《蒋孔阳美学思想研究》，辽宁人民出版社1987年版，第79页。

比如制造工具，这当然是人与动物的质的区别，但是在今天，原始人的那种制造工具的智力和技能水平就远远达不到当代人的本质力量水平了。再如一个画家，他失败了的一幅美术作品，并不因为失败了就非他所作，也并不因为失败了就一定不高明于那些并非画家的作品，但是，却不能说在这幅画上所表现出的就正是这位画家的本质力量。

对于这一本质力量是如何"对象化"的，蒋先生是这样解释的："人通过劳动实践来改造客观世界的过程，事实上就是人的本质力量对象化的过程。"这与那种认为"人化"就是意识作用于对象，使对象具有意识的情趣或人格化的观点划开了界限。同时，这个"劳动实践"并不同于一些持美学实践观点的人坚持认为的那样，只是指"第一性的物质生产劳动"。在蒋先生看来，不仅是第一性的物质生产劳动，而且，艺术家的劳动，由于它"是有意识地以实现自己的本质力量作为创作的全部目的，力图把自己对于现实生活的观察、认识和体会尽自己的力量在对象中实现出来"，因此，它更是人的本质力量对象化的劳动。

上述关于"人的本质力量对象化"的观点，还只是我国美学界中实践美学派的主张和看法，其余各美学流派对这样的主张和解释还持保留和批评的态度。①

---

① 我国从20世纪50年代发端的美学大争论，影响至今。其内容主要涉及美是主观的还是客观的，或者是主客观的统一？如果美是客观的，它是自然还是社会的？如果美是社会的，审美主体的人对于它的能动作用又如何？这类问题在国内一直进行着热烈的争论。蔡仪、李泽厚、朱光潜、高尔泰，我国四派美学观点的代表人物，正是依据对这类问题的不同看法而分出疆域的。

关于"自然的人化"

《手稿》认为,人与自然不仅同一,而且"互化"。不仅自然规定人和人的本质(有别于动物),即人的本质力量对象化为自然;从德国古典哲学继承下来的能动性学说也使马克思惯于强调,人和人的本质也规定自然,即自然的人化。

为此,我国实践美学派的理论家,便将"人的本质力量的对象化"和"自然的人化"作为立论的根据,诠释自己的美学体系。

关于"自然的人化"的含义,李泽厚先生解释说:"'自然的人化'包括两个方面。一方面是外在自然的人化,即山河大地、日月星空的人化。人类在外在自然的人化中创造了物质文明。另一方面是内在自然的人化,即人的感观、感知和情感、欲望的人化。"这是他讲的"人化"的范围。他进一步从狭义和广义的角度解释了其中的含义:"其实,'自然的人化'可分为狭义和广义两种含义。通过劳动、技术去改造自然事物,这是狭义的自然的人化。……广义的'自然的人化'是一个哲学概念。天空、大海、沙漠、荒山野林,没有经人去改造,但也是'自然的人化'。因为'自然的人化'指的是人类征服自然的历史尺度,指的是整个社会发展到一定阶段,人和自然的关系发生了根本改变。'人化的自然'不能仅仅看作是经过劳动改造了的对象。"①

他又着重解释了自己对"人化"的独特理解。

---

① 李泽厚:《美学三书》,天津社会科学院出版社2003年版,第417、450页。

"所谓'人化',所谓通过实践使人的本质对象化,并不是说只有人直接动过的、改造过的自然才'人化'了,没有动过、改造过的就没有'人化'。而是指通过人类的基本实践使整个自然逐渐被人征服,从而与人类社会生活的关系发生了改变,有的是直接的改变(如荒地被开垦,动物被驯服),有的是间接的改变(如花鸟能为人欣赏),前者常常是局部的、可见的改变,而后者却更多的是整体的、看不见的改变,前者常常是外在自然形貌的改变,后者却更多的是内在关系的改变,而这些改变都得属于'人化'这一范畴。所以,人化的自然,是指人类社会历史发展的整个成果。"①

通常来说,人的实践活动作用于自然所引起的"人化"效果,应该是以自然环境的改变为根本特征的。如果自然"没有经人去改造,但也是'自然的人化'",甚至"花鸟能为人欣赏"也是"人化"的效果,这就超出了正常人的逻辑和经验,因而引来了不少的批评。

美学学者毛崇杰就质疑如此这般的"自然的人化",岂不把马克思也"化"进了唯心主义。他诘问道:所谓"人类征服自然的历史尺度"究竟是什么样的一种"历史尺度"呢?究竟"整个社会发展"达到怎样的阶段,"人和自然的关系"才发生他所说的那种"根本改变"以至"整个自然都打上人的印记"成为"人的自然"了呢?成为人类的"整体成果"了呢?这个所谓"发展阶段"的关节点是以人类制造出第一把石刀为标志,还是以人类登上月球或是有待将来飞出太阳系为标志呢?按照他的这种"历史尺度",我虽然没有亲口吃梨子,我与梨子的"关系"("看不见的、内在的关系")由于"整个

---

① 李泽厚:《美学旧作集》,天津社会科学院出版社2002年版,第106、107页。

社会发展到了一定的阶段",乃"发生了根本的改变"。因为,我之存在于世界之上,我有着吃梨子的需要与目的,我早晚会把这种"目的的善"加以实现的,梨子早晚要被我吃的。梨子由于人(我)的存在,便是"人化了的"梨子,整个梨子都打上了"人(我)的印记",这便是梨子之所以美的本质。这样的"历史尺度"不就是"我的意志"吗?①

美学家蔡仪主要对李泽厚先生由"人化的自然"说,得出的"自然界本身无美,美在自然界的社会性"的美学结论进行了质疑。② 李泽厚的论点有两个:一是自然在人类社会产生之后便具有了社会性;二是自然有了社会性以后就有了美。

关于第一点,李泽厚是这么说的:"然而事实却是:自然美既不在自然本身,又不是人类主观意识加上去的,而与社会现象的美一样,也是一种客观社会性的存在。……自然在人类社会中是作为人的对象而存在着的。自然这时是存在在一种具体的社会关系之中,它与人类生活已休戚攸关地存在着一种具体的客观的社会关系,所以这时它本身就已大大不同于人类社会产生前的自然,而已具有了一种社会性质。它本身已包含了人的本质异化(对象化),它已是一种'人化的自然'了。"③

蔡仪首先发问,凭什么说"自然在人类社会中"?怎么一开始自然就"在人类社会中"了?自然不是包括"高山大海""月亮星星"吗?它们究竟是怎样"在人类社会中"的呢?是什么人的什么眼睛能看见它们"在人类社会中"

---

① 《马克思哲学美学思想论集》,山东人民出版社1982年版,第282—283页。
② 《马克思哲学美学思想论集》,山东人民出版社1982年版,第66—70页。
③ 文艺报编辑部编:《美学问题讨论集》第二集,作家出版社1957年版,第42页。

呢？还是什么人的什么头脑能论证出它们"在人类社会中"呢？还有，所谓"（自然）是作为人的对象而存在着的"，难道自然若是不作为人的对象就不存在吗？而自然的存在难道就是为了"作为人的对象"吗？难道离开了人自然就没有了吗？

再看，"自然这时是存在在一种具体社会关系之中"，既然是一种具体的关系，究竟又是怎样的一种具体关系呢？既说是"自然"，难道是整个自然吗？或是各种自然吗？且不说"月亮星星"，假若是"高山大海"在"一种具体社会关系"之中，这种情景能叫一般人想象得出来吗？至于"它（自然）与人类生活已休戚攸关地存在着一种具体的客观的社会关系"，这就说得更加微妙神奇了。大约如古人所说"天地有情"而"万物有灵"，它们都非常关注人类生活，既能和人类"休戚攸关"，而且定能和人类祸福与共呢！于是蔡仪得出结论，这样的自然，就不只是简单的"人化"，而完全是"神化"了。因而这种美学理论，也不只是人本主义原则的表现，而且可以说是一种神学理论在美学上的再现吧。

那么，自然具有了社会性之后，又如何就有了美呢？

李泽厚说："例如太阳，它自古以来一直是被歌颂的对象，人们很早就欣赏和描绘太阳的美：欢乐、伟大、朝气勃勃、光辉灿烂。那么太阳的美到底在哪里呢？显然它不会在其自然属性——发光体、恒星、体现了某种'种类的一般'，等等，……太阳和阳光所以美，车尔尼雪夫斯基说得好，也就因为它们是自然中一切生活的泉源，也是人类生命的保障。显然，太阳作为欢乐光明的美感对象就正在于它本身的这种客观社会性，它与人类生活的这种客观社会关系，客观社会作用，地位。正是这些才造成人们对太阳的强烈的美感喜爱。太阳的这种客观社会属性是构成它的美的主要条件,其发热发光的自然属性虽是必然的但还是次要的条件。"①

对这段话,蔡仪逐次做了解析。首先一句是:"人们很早就欣赏和描绘太阳的美:欢乐、伟大、朝气勃勃、光辉灿烂。"这里所说太阳的美的因素有四:第一,"欢乐"。太阳本身有"欢乐"吗?它的"欢乐"是一种客观存在的社会性质吗?第二,"伟大"。太阳本身有"伟大"吗?它的"伟大"是说它的品质呢?还是说它的体积呢?第三,"朝气勃勃"。太阳本身有"朝气勃勃"吗?它的"朝气勃勃"究竟又是怎样表现的呢?单就这里所说的太阳的美的三点因素,"欢乐""朝气勃勃",还有所说品质的"伟大",显然是人的主观意识的表现,绝不是什么太阳本身所有的客观社会性质。论者又怎样把它说成是太阳的美呢?这只能说是人的主观意识强加给太阳的。那么,第四,"光辉灿烂",这倒是太阳本身所有的,而且可以说是它的一个特点吧。如果肯定"光辉灿烂"也是太阳的美的性质,这种性质却正是太阳的自然属性,绝不是什么太阳的社会属性。还有上述的"伟大",如果说的是太阳的体积,那也只能说是太阳的自然属性,而不是太阳的什么社会属性。因此我们对于这句话所论太阳的美的分析,认为他这话,并没有证明他的主张是对的,反而证明他的反对是错的。

第二又有两句话说:"太阳和阳光所以美,车尔尼雪夫斯基说得好,也就因为它们是自然中一切生活的泉源,也是人类生命的保障。显然,太阳作为欢乐光明的美感对象就正在于它本身的这种客观社会性。"说太阳和阳光"是自

---

① 文艺报编辑部编:《美学问题讨论集》第三集,作家出版社1959年版,第165页。

然中一切生活的泉源",这说的显然是自然事物和自然事物的自然关系;又说它们"是人类生命的保障",也说的是自然事物和自然事物的自然关系。假如太阳和阳光所以美就是因为它们的这种关系,这句话又完全不能证明它有什么客观社会性。再看第二句的前半句,"显然,太阳作为欢乐光明的美感对象",这里的"欢乐光明"两个词,无论从它的语法来说或从它的意义来说,都只能是指太阳的美,因此这半句话就等于说,太阳的欢乐光明作为美感对象。于是这半句话也就跟上面那句一样,所谓太阳的欢乐的美是人的主观意识加给太阳的;而太阳的光明的美则是在于太阳本身的自然属性。于是那后半句所谓太阳"本身的这种客观社会性",并没有得到论证,实际上显得是毫无前提的空话。

在李泽厚看来,自然美是自然社会化的结果,也是人的本质力量对象化的结果,自然的社会性才是自然美的根源。但这一结论,既缺乏经验的充分支持,也缺乏逻辑的有力论证,这也许就是实践美学派逐渐式微的原因之一吧。

关于"美的规律"

　　……诚然，动物也进行生产。它也为自己构筑巢穴或居所，如蜜蜂、海狸、蚂蚁等所做的那样。但动物只生产它自己或它的幼仔所直接需要的东西；动物的生产是片面的，而人的生产则是全面的；动物只是在直接的肉体需要的支配下生产，而人甚至不受肉体的需要的影响也进行生产，并且只有不受这种需要的影响才进行真正的生产；动物只生产自身，而人再生产整个自然界；动物的产品直接属于它的肉体，而人则自由地面对自己的产品。动物只是按照它所属的那个物种的尺度和需要来进行构造，而人却懂得按照任何一个物种的尺度来进行生产，并且懂得处处都把固有的尺度运用于对象；因此，人也按照美的规律来构造。①

　　"美的规律"，这是《手稿》在比较动物的生产与人的生产时唯一提及的地方。而且是在多方面比较了二者的不同后，最后进行总结时提出来的。即"动物只是按照它所属的那个物种的尺度和需要来进行塑造，而人则懂得按照任何物种的尺度来进行生产，并且随时随地都能用内在固有的尺度来衡量对象；所以，人也按照美的规律来塑造"。在这里，要准确理解马克思所说的"美的规律"，前提是首先必须准确理解"尺度""物种的尺度"，尤其是"内在固有的尺度"这几个术语或概念的内涵。

---

① 马克思：《1844年经济学—哲学手稿》，人民出版社2018年版，第53页。

"尺度"这个术语在西方哲学中早已有之,"人是万物的尺度"即是最有名的了,但对"尺度"做过哲学解释,并同"规律"联系起来的是黑格尔。他在《逻辑学》中就讲过"规律或尺度",在《小逻辑》中直接就指出"尺度"就是"质量统一体"。"尺度即是质与量的统一,……在自然界里我们首先看见许多存在,其主要的内容就是尺度构成。……不同类的植物和动物,就全体而论,并就其各部分而论,皆有某种尺度。"①

美学家蔡仪等人认为,马克思这里使用的"尺度",应当来源于黑格尔,就是指事物的质量统一体,事物的规定性,也就是指事物的本质特征。

那么,"物种的尺度"就是指某一物种的本质特征,或者说事物的种类普遍性。

不过,作为实践美学流派代表人物的刘纲纪先生不同意这样的定义,他认为"尺度"是指"标准",他说:"当我们运用某一尺度去衡量事物时,尺度即成为我们所运用的一种标准。但不论在任何情况下,尺度虽和事物的本质有关,却不等于事物的本质。"②

如果说对"尺度"的不同理解还有商榷之处的话,那么,双方的主要分歧则在于对"内在固有的尺度"的理解上,并由此引出了"美的规律"说究竟是主观的还是客观的问题。甚至有论者提出,是否承认美是客观存在的问题,就像思维与存在的关系是哲学的基本问题一样,是区分美学上的唯物主义和唯心主义的重要标志。

---

① 黑格尔:《小逻辑》,商务印书馆2018年版,第234—235页。
② 刘纲纪:《关于马克思论美——与蔡仪同志商榷》,《哲学研究》1980年第10期,第57页。

因为，在"人则懂得按照任何物种的尺度来进行生产，并且随时随地都能用内在固有的尺度来衡量对象"这句话中，"内在固有的尺度"究竟是指"人的"还是"任何物种的"，是关系到怎样理解"美的规律"的问题。如果是"人的""内在固有的尺度"，那么，"美的规律"就是"人的本质力量的对象化"；如果是"任何物种的""内在固有的尺度"，那么，"美的规律"就是"客体对象本身的规律"。

比如，李泽厚就认为，"物种的尺度"的确是指"自然客体规律"，但"内在的尺度"则是指人的"内在目的尺度"①；蒋孔阳也认为，"物种的尺度"是"客观世界的规律"，但"内在的尺度"则是指"主观对于这一规律的认识和把握"②。

批评者指出，即便把"尺度"当作"标准"，那也是客观的，而"目的"是主观的，"内在目的尺度"这种说法本身就不能成立。同样，把"内在的尺度"解释为"主观对于这一规律的认识和把握"，同样不科学。主观的"认识和掌握"并不等同于事物的本质特征，因而不是"尺度"。"目的""主观的认识和把握"都是属于第二性的意识，"尺度"则是属于第一性的存在，不能将思维与存在相混淆。③ 这种观点认为，我们应该将"内在固有的尺度"理解为事物本身所固有的，区别于他事物的内在的原因，内在的根据，亦即内在的本质特征。较之"物种的尺度"，"内在固有的尺度"更强调事物的种类普遍性

---

① 李泽厚：《美学三题议》，《美学问题讨论集》第六集，作家出版社1964年版，第320—321页。
② 蒋孔阳：《美和美的创造》，江苏人民出版社1981年版，第50页。
③ 张国民：《如何认识马克思的"美的规律"论》，《马克思哲学美学思想论集》，山东人民出版社1992年版，第168—169页。

或者本质特征并不仅仅是外表的、形式的、一望即知的，而且还可以是内在的、深刻的，并且确实是事物本身所固有的。

对于马克思究竟把什么理解成"美的规律"的问题，批评者进一步做了正面论证。他们认为，要按照美的规律塑造物体，就必须按照物种的尺度进行生产，把事物内在的尺度运用到对象（即产品）上去。前者表现事物的普遍共性，后者表现事物的独特个性；前者合乎事物外在的形态结构特征，后者合乎事物内在的神情特征，这样，才能以独特个性显现普遍共性，以外在形似显现内在神似，形神兼备，栩栩如生，生气勃勃，神采奕奕，从而成为美的物体。

人之所以"懂得"把"物种的尺度"和"内在的尺度"同"美的规律"联系在一起。即"懂得按照任何物种的尺度来进行生产"，并且懂得"随时随地都能用内在固有的尺度来衡量对象"，"按照美的规律来塑造"物体，则在于人有意识，人能够认识和掌握规律，比无意识的动物要优越。正如马克思后来说的："蜘蛛的活动与织工的活动相似，蜜蜂建筑蜂房的本领使人间的许多建筑师感到惭愧。但是，最蹩脚的建筑师从一开始就比最灵巧的蜜蜂高明的地方，是他在用蜂蜡建筑蜂房以前，已经在自己的头脑中把它建成了。劳动过程结束时得到的结果，在这个过程开始时就已经在劳动者的表象中存在着，即以观念存在着。他不仅使自然物发生形式变化，同时他还在自然物中实现自己的目的，这个目的是他所知道的，是作为规律决定着他的活动的方式和方法的，他必须使他的意志服从这个目的。"[①]

批评者进一步指出，肯定"人也按照美的规律来塑造"物体，并不意味着

[①] 《马克思恩格斯全集》第 23 卷，人民出版社 2016 年版，第 202 页。

人的一切生产劳动都必定按照美的规律进行，一切劳动产品都必定合乎美的规律。山货店里的铁炉、烟筒、拐脖、火钳、铁铲等物体，就不一定是按照美的规律制造的，所以不是美的物体。马克思之所以说人"也"按照美的规律来塑造物体，就是因为人既按照其他种种规律塑造物体，也按照美的规律塑造物体。这正是马克思为什么特意加了一个"也"字的原因。

针对实践美学派指责自己的认识观是机械唯物主义时，他们强调自己对马克思提出的"人也按照美的规律来塑造"物体这个命题的理解是辩证唯物主义的。那就是，一方面承认美的规律是客观的，另一方面也承认人按照这一规律塑造物体的过程是主观能动的。但是人的主观能动性的发挥，绝不是人把自己的主观意图、把人自己的"内在固有尺度"强加给客观事物，从而来塑造物体。那样，无论塑造什么样的物体，人的形象也罢，动物的形象也罢，其他物体也罢，都得把"人的本质对象化"上去，其结果，事物本身内在的特征反而没有了，那样塑造出来的物体还能显示出事物的生气和神情吗？还能成为美的物体吗？

实践美学派的蒋孔阳先生"美的规律"的提出是与劳动的规律联系起来看待的。

他认为，马克思之所以会用美的规律来说明劳动的规律，起码有一点是毋庸置疑的，那就是，在马克思看来，美的规律与劳动的规律是密切相关的。尤其是马克思在把人类的生产劳动与动物的生产作一对比，突出强调人类劳动的特点时运用"美的规律"这一概念，这就更加说明，美的规律与劳动的规律不仅有着一般性的关系，而且这种关系还直接体现在人类生产劳动的最基本特点之中。

他认为，美与劳动之间体现为一种必要的条件关系。他说："人类不仅按照美的规律来劳动，而且美本身就是人类在劳动实践过程中创造出来的。美与人类的劳动具有密切的关系，我们既不能离开人类的劳动来谈美，也不能离开人类的劳动来谈美的规律。"①

那么，人类是怎样依照美的规律来劳动和生产的呢？蒋先生说，马克思是从人和动物两种不同的类的存在谈起的。

人和动物是两种不同的族类。动物没有意识，"它的生命和客观世界，完全是混同的、等一的，它分不清主观与客观，它完全在给它所规定的环境里生活"。人则不同，人是有意识的，他能意识到自己的存在，意识到周围环境与自己的关系，并把周围的环境当作他的对象。当周围环境适宜他生存时，他会充分地利用有利的条件，生活得更好，当周围环境不宜于他生存时，他就会把这一环境"作为对象去加以改造"，并且在改造对象的同时，也按照对象的要求不断地改造自己。更重要的是，人的有意识的活动，不仅使他"有了主体和客体的区别"，而且，他实践中的和意识中的这个"主体"，并不是他单个的自我，而是一种"类的存在物"，这又使他"同时具有了社会性的特点"。他对于环境和自身的改造，就成了社会性的行为。意识的、对象的、社会性的活动，使"人跟动物的生命活动区别开来"（马克思语）。不仅如此，人"不仅有意识地生活着，劳动着，而且还要在劳动中观赏着自己的产品，感受到自己劳动的胜利和喜悦"。于是，一种动物所根本不存在的关系——主体在对象世界中对自己社会性的、有意识的对象活动成果的观赏——审美关系便出现了。列宁说过，关系就是规律。美的规律就是这样被体现在劳动实践之中。

---

① 蒋孔阳：《美的规律与劳动的关系》，《美育》1982 年第 2 期（下引均来自此文）。

接着，在人类劳动的基本特点和规律上，蒋先生又进一步揭示了人类的劳动之所以能够"依照美的规律来塑造"物体的根本原因。他认为，意识，在劳动实践中生成合于客观规律的目的，并以此目的给自己"动作的方式和方法规定了法则"（马克思语），从而使劳动实践成为自觉，这就是劳动的规律。按照劳动的规律去进行劳动实践，劳动便成为自由的劳动。这种自由的劳动，使"自然界打上了人的'意志的印记'（马克思语），人的全部本质力量在自然界中实现出来，自然界成了人的本质力量的对象化。美的规律，正是人的本质力量对象化的规律"。

这样，蒋先生由人与动物生命活动的差异谈到自觉的人类劳动的规律；由劳动与美的规律同时形成，谈到合于劳动规律的自由劳动的过程，也正是人的本质力量对象化的过程。从而论证了人的本质力量对象化的规律——美的规律，所以见于人类劳动的根本原因。

最后，蒋先生直接就《手稿》中关于美的规律本身作了探讨，并且也是从那段论述中的关键的概念——"尺度"论起的。

马克思在关于"美的规律"的那段论述中，三次用到"尺度"这个概念。蒋先生指出，"尺度"这个概念与美联系起来，不是马克思的独创，"从西方美学的历史来看，美与尺度是有深切的关系的"。他将西方美学中运用"尺度"的历史情况作了概述，得出两条结论：尺度是事物之间一定的关系和比例；尺度与具体事物的形式和形象有关。在此基础上，他说，马克思运用尺度的含义，有与西方美学史的一般理解相一致之处：把尺度与美联系起来，把尺度与具体事物的形式或形象联系起来。但也有不同之处，那就是："马克思指出，人的劳动有两种尺度。这两种尺度统一起来，方才形成美的规律。"一种尺度是"任何物种的尺度";一种尺度是"内在固有的尺度"。

"任何物种的尺度",这是和动物的尺度相对立的,因为"动物只有一种尺度"。人就不同了,蒋先生说:"不论任何事物,人只要掌握了它的规律,就能够按照它的尺度来生产。"所以,这是就人对于客观规律的掌握而言。

"内在固有的尺度",蒋先生认为,这和前一种尺度一样,也是就人而言的。前一句话指的是人的劳动,"应当符合不同的客观事物的规律性";后一句话指的是人在劳动时,"应当根据自己本身的、也就是主体的规律性来衡量对象"。它"是和人的目的性分不开的","他劳动时,是有意识地根据他的目的和要求,按照客观事物的规律性,来衡量客观世界,改造客观世界,从而不仅引起客观世界自然形态的变化,而且能够实现自己的目的,把自己的本质力量对象化,从而在对象中观照着自己"。这两种尺度的统一,就是"按照美的规律来塑造物体"。

基于上述"尺度"的分析,蒋先生确认马克思所说的美的规律,至少包含这样几层意思:

第一,美的规律是人类劳动的一个基本特点,不能离开劳动实践去抽象、孤立地谈美的规律。

第二,美的规律是丰富多彩的,不能机械雷同。所以如此,是因为物种的尺度是多种多样的,"内在固有的尺度"也是多种多样的。不同物种,不会有相同的尺度或规律。

第三,美的规律与人类劳动实践的目的性是密切联系在一起的。

美的规律的体现过程,正是人的目的性劳动实现的过程。有目的性才谈得上目的的实现,才使得人的本质力量得以发挥,才使得实现目的的劳动过程充满了创造性，充满了兴奋和喜悦，所以才美。

第四，美的规律是具体的，不是抽象的，它总是体现在"塑造物体"或"造型"中，它应当从具体的物质形式或形象中体现出来。

蒋先生分析的这四层意思，实际上是对人类劳动实践总体过程的逐层剖析。第一条联系着劳动过程；第二条联系着劳动对象；第三条联系着劳动主体；第四条联系着劳动成果。这进一步表明了美的规律与劳动实践的必然联系，美的规律的所有特点，都是在劳动实践中得以体现的。由此，蒋先生将"美的规律"最终归纳为：

> 人类在劳动实践的过程中，按照客观世界不同事物的规律性，结合人们富有个性特征的目的和愿望，来改造客观世界，不仅引起客观世界外在形态的变化，而且能够实现自己的本质力量，把这一本质力量具体地转化为能够令人怡悦和观赏的形象。由于人类的劳动过程，是人与自然相互交往和相互影响的过程，因此，哪里有人与自然（现实）的关系，哪里有劳动，哪里就应当有美的规律。①

---

① 蒋孔阳：《美的规律浅谈》，《文汇报》1983年3月7日。

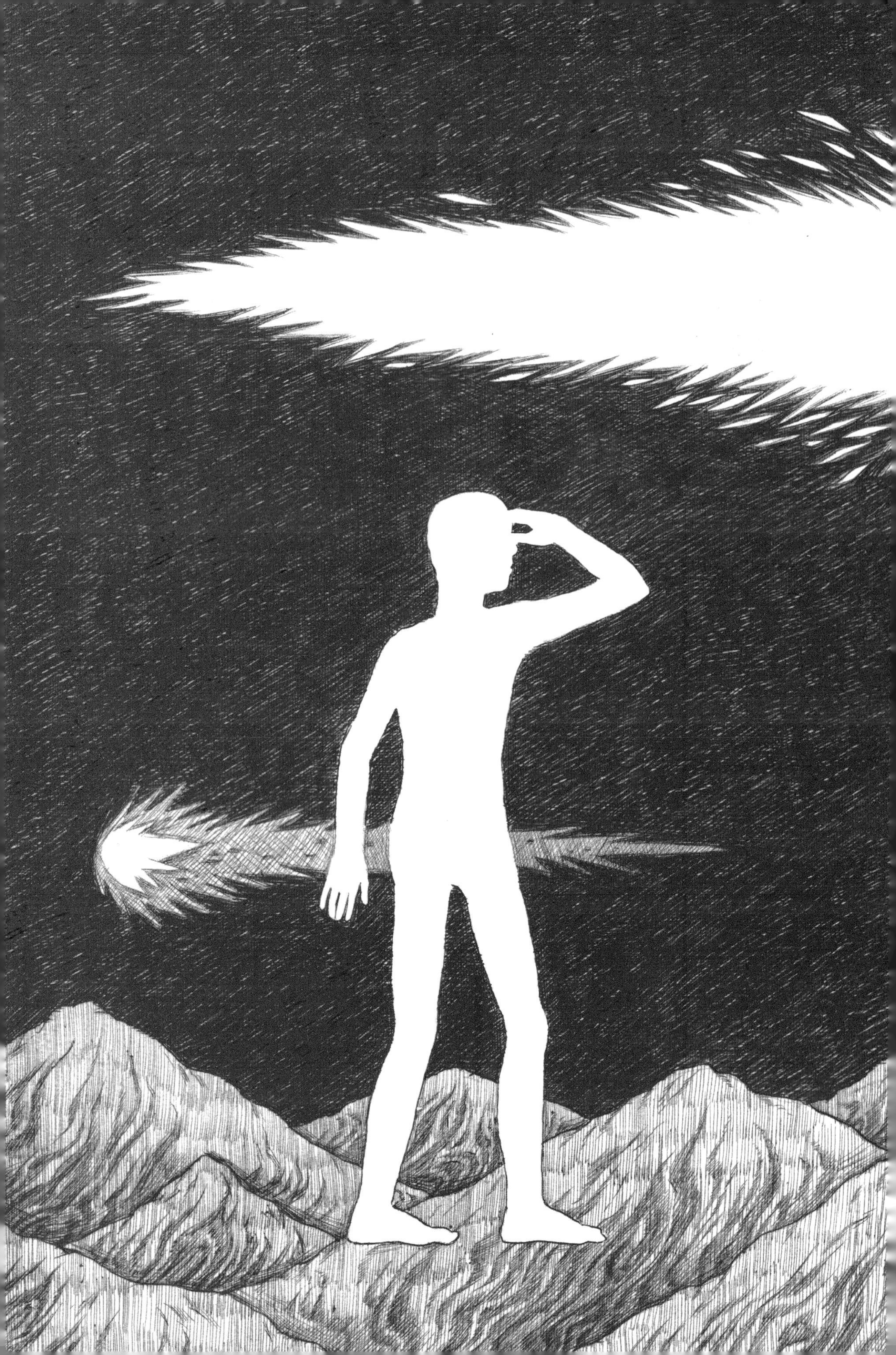

第三辑　人的解放

无产阶级只有解放全人类才能最终解放自己。

——马克思

104/　文艺复兴与人性解放

110/　启蒙运动与个性解放

113/　马克思关于人的本质异化

118/　马克思主义关于人类解放

第三辑　人的解放

文艺复兴与人性解放

"文艺复兴"是14—16世纪发端于意大利佛罗伦萨，而后向着整个西欧扩散的一场历经大约300年的文化运动。"复兴"即"再生"，从字面意义上来理解，它是在西欧经过一个长达500年神权统治的"黑暗的"中世纪后，人们渴望重现古希腊和古罗马文明，重新发掘和再现以人为本的古典文化，将人性从神性中解放出来的文化运动。

实际上，它是在伴随着西欧封建社会逐渐瓦解，资本主义社会的萌发而出现在上层建筑领域的一场变革，是城市新兴商人阶层为了其政治和经济利益，在意识形态领域开展的反对教会的精神统治，以新世界观推翻神学、经院哲学以及僧侣主义的世界观的一场思想文化运动。它不是简单的复古，而是西欧封建社会向资本主义过渡这一伟大历史变革在意识形态上的反映。它为发展资本主义制造了舆论，其后发生的宗教改革，新大陆的发现，均可以看作是这场文艺复兴运动的积极成果。所以，恩格斯在他的《自然辩证法》一书中谈及文艺复兴时就盛赞："这是一次人类从来没有经历过的最伟大的、进步的变革。"①

文艺复兴的意义集中体现在它的人文主义内涵上。人文主义思想继承了古典文明遗产，打破禁锢人心的教会权威，冲击了腐朽的封建文化和封建愚昧，为近代文学、艺术、教育、哲学和实验科学的发展开辟了广阔的道路。同时，

---

① 《马克思恩格斯选集》第3卷，人民出版社2012年版，第863页。

它也孕育了近代西欧文明,对历史进步起了极大的推动作用。

今天,人们通常把文艺复兴时期表现在哲学、科学、文学、艺术、教育等方面的思想内容称为"人文主义"。它的特征在于歌颂世俗以蔑视天堂,标榜理性以取代神启。但丁首次提出政教分离的思想,彼特拉克大胆地袒露爱情追求,薄伽丘揭露教会的腐败。他们三人是最初人文主义者的杰出代表。他们反对中古教会的来世观念和禁欲主义,肯定"人"是现世生活的创造者和享受者。他们要求哲学"以人为中心",科学为人生谋福利,文学艺术表现人的思想感情,教育发展人的个性。因此,他们提倡人性以反对神性,提倡理性以反对迷信,提倡人权以反对神权,提倡个性自由以反对中古的宗教桎梏,把人从宗教束缚和禁欲主义的泥潭里解放出来。

《中世纪与文艺复兴》[①] 一书的作者欧金尼奥·加林指出,中世纪的哲学是一种固定秩序的神学,它已发展得十分完善和永恒不动,人在其中并无任何意义,只能接受一切事先的安排,在神学统治的地方,不再有理性的地位;中世纪的神学使人类脱离自然,通过把人固定在"原罪"上来取消人性。教会谴责人生来有罪,不可能获得彻底解放。人只能在孤独的修炼中放弃一切,做上帝忠诚的信徒。

而文艺复兴时期的新哲学,则认为一切都充满着可能性。世界并非事先完全设计好的,而是通过人可以奇迹般地改变的,从而主张人们在遵守公序良俗的前提下,要有冒险精神。它倡导人的自由、意志和活动,要人们为了人的尊严积极地创造生活,而不能在对"原罪"的悔过中耗尽一生。大地和

---

① 参见欧金尼奥·加林《中世纪与文艺复兴》,商务印书馆2012年版。

海洋等自然界中的一切植物与动物，都是那样的生机盎然，充满着生命力。一切都在新陈代谢中，世界在源源不断地无时无刻不在产生着新的物质。在新哲学面前，人们看到的宇宙是无限多样的，离开了神的笼罩，从而一切都改变了它的面貌。新哲学要建立一个属于人的王国，它尝试把"人"从上帝那里还给人自己：现世中无限多的可能性已出现在他的面前，人不再需要为来世忏悔；世界上的一切都是可以重新塑造的，不再是那种千篇一律的僵化模式了，等等。

宗教神学中的禁欲主义是人文主义者最猛烈批判的对象之一。天主教教义笼罩下的禁欲主义，不仅颂扬"童贞"，提倡独身，而且蔑视财富和荣誉，它引导人们远离尘世，走向荒野，使人消极对待生活。说什么保持童贞，最蒙上帝悦爱；远离尘世则可以和上帝最近；苦行惩罚自己的肉身但可以清除原罪，等等。即便到了15世纪，佛罗伦萨、威尼斯和米兰，大约还有13%的妇女生活在修道院里。寺院林立，僧侣成群是当时的普遍现象。

无情揭露和批判禁欲主义，主张生活的意义就是追求个人幸福，大胆倡导善男信女们的爱情生活，是当时薄伽丘的创作主题。他在自己的《十日谈》中，一方面对教会神职人员和封建贵族的腐朽思想和道德败坏进行深刻的揭露和讽刺，无情鞭笞教士、僧侣的胡作非为；另一方面大力讴歌商人和手工业者等市民阶层的聪明、机智和勇敢，极力赞赏男女青年真诚追求爱情生活的积极态度。他甚至以粗犷的笔调，公开主张男女放纵情欲的合理合法性，甚至不无夸张地描写人的情欲放纵，以此来抨击当时盛行的禁欲主义和苦行主义。

如果说，文艺复兴在意大利主要体现在艺术和文学领域，那么，在北欧则更多地反映在宗教和道德领域。发端于德国的路德宗教改革运动，可以看作文艺复兴运动的直接产物，或者说其本身就是文艺复兴的一项主要内容。而宗教改革的伟大意义之一，就是它对妇女地位的重大影响。

人们往往忽视一个最简单的道理，那就是，妇女占人口的一半，女性的解放就是半边天。伟大的空想社会主义者傅里叶曾说过："在任何社会中，妇女解放的程度是衡量普遍解放的天然尺度。"路德倡导以信仰为核心，主张以个人的方式来解读《圣经》，教堂和祈祷场所不是个人与上帝之间必要的中介，这一方面打破了教会对上帝的垄断，同时，由于提倡通过个人阅读《圣经》建立对上帝的信仰，加之我国印刷术和造纸术的西传，无形中大大提高了大众的识字率，为书籍和思想的传播创造了条件。尤其是妇女，往往承担着抚育孩子的重要职能，她们掌握阅读能力的意义是不言而喻的。据说莎士比亚曾有言道："摇动摇篮的手，是推动世界的手。"

清教领袖不再认为禁欲主义是高尚的道德表现，他们强调夫妻之间应该相敬相爱。还认为婚姻生活至少有三方面的好处：生养孩子、满足性欲和伴侣之间相互照顾。这种观念也为结婚和离婚的自由提供了空间。这当然不是说，这场宗教改革为妇女即刻提供了与男性平等的权利，而只能说是为两性平等提供了改善的条件。偏见不是一日可以消除的，路德说得就很明确："男人有宽广的胸脯和瘦小的臀部，但女人有狭小的胸膛和肥大的臀部，因此女人理所当然地应当待在家里操持家务和生养孩子。"[①]

继文学之后，艺术也出现了空前的繁荣。由于艺术家们逐渐从宗教束缚中

[①] 转引自斯塔夫里阿诺斯《全球通史：从史前史到21世纪》，北京大学出版社2006年版，第418页。

解放了出来，这就使现实主义的表现手法成为早期文艺复兴时期艺术的主要特点。他们重视对周围的现实、自然界、人的体态和生活环境等加以体察，并将其反映在自己的作品之中。比如他们能够把塑造崇高的人作为艺术重点，这当归因于他们打破了中世纪以神为中心的传统，开辟了以人为中心的写实主义道路。

在文艺复兴之前，艺术与文学一样，都是为宗教服务的。为宣扬宗教理想的神圣彼岸，艺术作品充满了蒙昧、神秘和禁欲的气氛，宗教艺术作品给人的视觉感受普遍是偶像化、阴暗而呆板、单调而乏味、丑陋怪诞、虚幻和不合情理的夸张，等等。尤其是在人物的塑造中，由于中世纪把人的肉体视为罪恶的根源，画中人物便显得表情痛苦，鄙视尘世，向往天堂，充满着禁欲主义气氛。但是文艺复兴运动开始以后，由于思想的转变，世俗的人和人的各种表现、情感，以及人周围的具体的现实自然界，不但逐步成为文学叙述的对象，而且也成为艺术描绘的对象。这个时期，绘画虽仍以宗教题材为主，但已经可以看到圣母脸上露出笑容，圣婴充满着天真活泼。意大利文艺复兴时期的艺术，已经开始充满着"描绘人和自然"的热情和创造性的现实风格。拉斐尔、达芬奇和米开朗琪罗是这一时期的杰出代表。

不过，他们还不能完全摆脱传统的影响，大多还是从宗教或古代神话中汲取题材，还不是直接描绘当时的社会生活现象，自然主义和高雅风格并不普遍。这大概是因为对雕像、祭坛画、教堂装饰的主要需求者还是教会之故。只是对于如何绘画《圣经》里的故事，并无一定之规，这样画家们便有了"表现的自由"罢了。

总之，文艺复兴不是简单的复古，而是一个从腐朽的封建社会向着正在萌芽中的资本主义过渡的反映,其伟大意义在于把经过漫长的宗教禁锢的人性从中解放了出来,而且,在文艺、政治、经济、科技、历史和地理等诸多领域产生的大量成就都远远超越了古典文明。它引发了宗教改革,以及紧接其后美洲大陆的发现,更进一步推动了西欧资本主义的发展和扩张,为最终爆发资产阶级革命,扫除西欧封建势力准备了条件。

启蒙运动与个性解放

启蒙运动，一般是指18世纪在法国以伏尔泰、卢梭和狄德罗为代表的一批知识分子，通过有意识地在文化教育和思想领域掀起的一场反封建专制、反教会的思想启蒙运动。是继文艺复兴之后的第二次伟大的思想文化运动。

在法语中，"启蒙"就是"光明"之意。当时的法国思想家认为，在封建君主和教会反动统治下的人民，挣扎在黑暗之中，只有用理性之光驱散黑暗，把人民引向光明，人才能得到解放。所以，他们高举理性的旗帜，反对宗教迷信；大力强调科学和文化知识，反对封建专制的愚民政策。为欧洲资产阶级革命做了思想准备和舆论宣传。

对于这次运动，恩格斯曾经做过这样的评述："在法国为行将到来的革命启发过人们头脑的那些伟大人物，本身都是非常革命的。他们不承认任何外界的权威，不管这种权威是什么样的。宗教、自然观、社会、国家制度，一切都受到了最无情的批判；一切都必须在理性的法庭面前为自己的存在作辩护或者放弃存在的权利……以往的一切社会形式和国家形式、一切传统观念，都被当作不合理的东西扔到垃圾堆里去了；到现在为止，世界所遵循的只是一些成见；过去的一切只值得怜悯和鄙视。只是现在阳光才照射出来。从今以后，迷信、非正义、特权和压迫，必将为永恒的真理、永恒的正义，基于自然的平等和不可剥夺的人权所取代。"[①] 当然，恩格斯也强调指出，这个理性的王国不是全体人民的，而只是资产阶级的。

也有人认为，启蒙运动最重大的价值和意义，就在于它对人本身的一种彻底解放的主张。这里所说的人的解放包括人身的解放和人的思想的解放两个方

---

① 《马克思恩格斯选集》第3卷，人民出版社2012年版，第776页。

面，也就是要使人获得人身的自由和思想言论的自由。

这种对人的自由和人身的解放表述得最为浪漫主义的就是卢梭了。在《社会契约论》①一书中卢梭认为：人是生而自由与平等的，国家只能是自由的人民自由协议的产物，如果自由被强力所剥夺，则被剥夺了自由的人民有革命的权利，可以用强力夺回自己的自由；国家的主权在人民，而最好的政体应该是民主共和国。这种主张集中反映了资产阶级上升时期的民主理想：针对封建制度和等级特权，提出了争取自由和平等的战斗口号，并要求建立资产阶级的民主共和国。美国革命的《独立宣言》、法国革命的《人权宣言》以及两国的宪法，在很大程度上都直接继承和体现了卢梭的这种理论精神和政治理想。

康德赞成卢梭的有关人生而自由的观点，在此基础上他又提出思想的自由。关于什么是启蒙运动，康德给出的定义是："启蒙运动就是人类脱离自己所加之于自己的不成熟状态。不成熟状态就是不经别人的引导，就对运用自己的理智无能为力。"康德解释说：不成熟状态并不是指人缺乏理智，而是不经别人的引导就缺乏勇气和决心来运用自己的理智。这其实是康德"三大批判"著作的中心思想，他说的人性的"真善美"，即如何提高人的认识能力、人的实践能力和人的情感能力。

其实，启蒙运动的哲学就是人性论。只不过这一时期的人性论与文艺复兴时期的人性论已经有了较大的差别。文艺复兴时期提倡人性，主要是为了和神性对立，主张人在世俗世界中的生存权利，人性概念具有同神性概念相对立的意义，人性是要从神性中得到解放；而启蒙运动时期的人性论，则已经将人看

---

① 卢梭：《社会契约论》，商务印书馆2017年版。

作绝对主体，通过增加人的理性，不但要把人从宗教蒙昧主义中解放出来，还要从腐朽的封建专制意识形态中解放出来。通过对人的本质的探讨，表现了资产阶级的自信和建设一个新社会的理想。法国大革命所倡导的人的"自由""平等"和"博爱"等口号，对推动社会进步和人的解放有着积极的价值。以人性论为基础，提倡宽容、理性、人道，是近代西欧人的基本思想价值。这种启蒙精神同时也推动了近代哲学、数学、逻辑、自然科学和社会科学的发展，表明西方文化传统中的科学理性与人文精神有了新的升华，有了更新、更深刻的含义，体现了西欧近代文明的时代精神。

但是也要看到，资产阶级的人性论还是抽象的。他们认为人都追求物质上的快乐，回避物质上的痛苦，这是人的永恒不变的本性；一个社会如果适合这种"人性"，就是好的，否则就是不合理的。他们认为封建制度是不合"人性"的，不合理的，而正在发展的资本主义关系是合乎"人性"的理想制度。

然而，正如恩格斯所指出的："这个理性的王国不过是资产阶级的理想化的王国；永恒的正义在资产阶级的司法中得到实现；平等归结为法律面前的资产阶级的平等；被宣布为最主要的人权之一的是资产阶级的所有权；而理性的国家、卢梭的社会契约在实践中表现为而且也只能表现为资产阶级的民主共和国。十八世纪的伟大思想家们，也同他们的一切先驱者一样，没有能够超出他们自己的时代使他们受到的限制。"①

既然资产阶级提出的"自由""平等"和"博爱"只是资产阶级自己的，那么，人类解放的使命便不可避免地落在了无产阶级的肩上。

---

① 《马克思恩格斯选集》第3卷，人民出版社2012年版，第776页。

马克思关于人的本质异化

文艺复兴时期的人文主义,是在刚刚萌芽状态的资产阶级产生的关于追求个人自由、幸福和解放的朦胧的理论反映;18 世纪的启蒙运动,则是成熟的资产阶级市民社会,产生的关于人的本性的哲学回答。正如当时还是革命民主主义者的马克思,在发表于《德法年鉴》上致卢格的信中指出的,在当时的德国,专制制度(君主暴政)"使人不成其为人""使世界不成其为人的世界"。他还把当时的德国比作"庸人的世界""政治动物的世界",并指出,"专制制度必然具有兽性,并且和人性是不相容的"。从这里我们看到,把"人"从封建专制的束缚中拯救出来,求得"人的解放",不仅是资产阶级的理想,也是革命民主主义者马克思的理想。

但是,无论是启蒙运动者,还是《德法年鉴》时期的青年马克思,他们所倡导的"人的解放",正如恩格斯所指出的,"并不是想首先解放某一个阶级,而是想立即解放全人类"[①]。空想性质是显而易见的。

恩格斯后来在回忆自己青年时代的著作时曾说道:"当时过分强调斗争的最终目标在于连同资本家在内的整个社会的解放,而没有强调共产主义是一种单纯的工人阶级的党派性学说。"[②] 比如,马克思发表在《德法年鉴》上的《论犹太人问题》就认为,社会主义革命和资产阶级革命都是"把人的世界和人的关系还给人自己",是消除人的异化的不同阶段。在这里,青年马克思所理解的"人的世界""人的关系",无非是指"天赋"的人先天应有的一些东西,把这些东西"还"给人,人的解放就能实现,这正是天赋人权的核心思想。他认为,正是人的异化导致了人的丧失,过去的一切阶

---

① 《马克思恩格斯选集》第 3 卷,人民出版社 2012 年版,第 778 页。
② 《马克思恩格斯选集》第 4 卷,人民出版社 2012 年版,第 276 页。

级历史都是违反人的本性的，是历史的误区，通过人性的复归就能实现人的解放。

然而，在现实的经济事实中，不可调和的阶级矛盾使得一切有关人的空谈都成了废话。占有资本和出卖劳动力的"人的本质"就不可能是一样的。人的解放？谁去解放，解放谁，对谁而言叫"解放"等都成了问题。

因此，笼统地、抽象地讲"人的解放"，最多是对未来社会美好而又热切的一种向往，却无助于任何问题的解决。

下面我们就来看青年马克思是如何论证这一问题的。

在《1844年经济学—哲学手稿》（以下简称《手稿》）中，马克思是用区别于动物的人的族类特征来规定人的本质的。更明确地说，就是把"劳动"看作是"人的本质"，那么，当"劳动异化"时，人的本质就发生了异化，进而，由于人的本质异化，从而产生了阶级和私有制。而共产主义就是私有财产的积极的扬弃。基本的逻辑链条是：劳动异化→人的本质异化→私有制产生→私有财产的积极扬弃→共产主义实现→人的解放。尤其是私有制究竟如何才能被扬弃，这样的逻辑，我们今天是很难理解的。下面我们逐次来分析。

首先，我们看"劳动异化"是如何导致"人的本质异化"的。马克思在《手稿》"异化劳动"一节中是这样陈述的:[①]

> 我们且从当前的国民经济的事实出发：
> 工人生产的财富越多，他的生产的影响和规模越大，他就越贫穷。工

---

① 马克思：《1844年经济学—哲学手稿》，人民出版社2018年版，第47—54页。

人创造的商品越多,他就越是变成廉价的商品。物的世界的增值同人的世界贬值成正比。劳动生产的不仅是商品:它还生产作为商品的劳动自身和工人,而且是按它一般生产商品的比例生产的。

这一事实无非是表明:劳动所生产的对象,即劳动产品,作为一种异己的存在物,作为不依赖于生产者的力量,是同劳动相对立。劳动的产品是固定在某个对象中的、物化的劳动,这就是劳动的对象化。劳动的现实化就是劳动的对象化。在国民经济的实际状况中,劳动的这种现实化表现为工人的非现实化,对象化表现为对象的丧失和被对象奴役,占有表现为异化、外化。

……

国民经济学由于不考察工人(劳动)同产品的直接的关系而掩盖劳动本质的异化。当然,劳动为富人生产了奇迹般的东西,但是为工人生产了赤贫。劳动创造了宫殿,但是给工人生产了棚舍。劳动生产了美,但是使工人变成畸形。劳动用机器代替了手工劳动,但是使一部分工人回到野蛮的劳动,并使另一部分工人变成机器。劳动生产了智慧,却给工人生产了愚钝和痴呆。

……

这样一来,异化劳动导致如下的结果:

……人的类本质,无论是自然界,还是人的精神的类能力——都变成了对人来说异己的本质,变成了维持他的个人生存的手段。异化劳动使人自己的身体同人相异化,同样也使在人之外的自然界同人相异化,使他的精神本质、他的人的本质同人相异化。

> ……人同自己的劳动产品、自己的生命活动、自己的类本质相异化的直接结果就是：人同人相异化。

那么，人的本质异化是私有制产生的原因的理论根据在哪里呢？

马克思在这里是把人的本质或人本身看作是自然界的，在这样的前提下，接着说"异化劳动，由于（1）使自然界同人相异化；（2）使人本身，使他自己的活动机能，使他的生命活动同人相异化，因此，异化劳动也就使类同人相异化"。① 进一步说就是"通过异化的、外化的劳动，工人生产出一个同劳动疏远的、站在劳动之外的人对这个劳动的关系。工人对劳动的关系，产生出资本家跟这同一个劳动的关系。从而，私有财产是外化了的劳动，即劳动者同自然界和自己本身的外在关系的产物、结果和必然归结。因此，私有财产这一概念，是通过分析而从外化了的劳动，亦即外化了的人、异化了的劳动、异化了的生活、异化了的人这一概念得出的。……但是对这一概念的分析表明，即使私有财产表现为外化了的劳动的根据和原因，实际上却毋宁是外化了的劳动的结果，正像神灵本来不是人类理性迷误的原因，而是人类理性迷误的结果一样"②。

这就是说，私有财产就是外化了的劳动，就是异化劳动，就是人的自我异化。

那么，为什么共产主义就是私有财产的积极的扬弃呢？《手稿》的说法是，克服了人的自我异化，人的本性就能向人本身复归，共产主义便可实现，"人的解放"便能得到真正的解决。这显然是人本主义的，在历史观上是唯心主义的。

---

① 马克思：《1844 年经济学—哲学手稿》，人民出版社 2018 年版，第 52 页。
② 马克思：《1844 年经济学—哲学手稿》，人民出版社 2018 年版，第 57 页。

共产主义是对私有财产即人的自我异化的积极的扬弃，因而是通过人并且为了人而对人的本质的真正占有；因此，它是人向自身，也就是向社会的即合乎人性的复归，这种复归是完全的复归，是自觉实现并在以往发展的全部财富范围内实现的复归。这种共产主义，作为完成了的自然主义，等于人道主义，而作为完成了的人道主义，等于自然主义，它是人和自然界之间、人和人之间的矛盾的真正解决，是存在和本质、对象化和自我确立、自由和必然、个体和类之间的斗争的真正解决。它是历史之谜的解答，而且知道自己就是这种解答。①

异化理论所赖以安身立命的前提是对人的本质的抽象理解。无论是劳动异化，还是人的异化，无非就是人异于人的本质，人的存在和人的本质相分离，使人在实际上并不是他应该成为的那个样子，人即为非人。所以，它就有一个必不可少的基本前提，就是要预先设定一个永恒不变的、至善至美的人类本性，把无论什么原因引起的，在以后各个历史时代人们的发展都当成它的异化和复归。人的抽象本质就是这种理论的基石。当马克思在《关于费尔巴哈的提纲》以及其后的一些著作中，不但清算了费尔巴哈，也同时清理了自己的错误思想，批判了这种所谓孤立的、非历史的、单个人所固有的抽象物以后，提出人的本质不过是"在其现实性上，它是一切社会关系的总和"的时候，异化理论的大厦便轰然倒塌了。

---

① 马克思：《1844年经济学—哲学手稿》，人民出版社2018年版，第77—78页。

马克思主义关于人类解放

"人的解放"在马克思那里曾有过两种含义,上一节我们对其中一种含义做出了考察,这就是在实现人性复归意义上的"解放",即"人的本质"的"实现"或"复归"。"人的解放"的另一种含义是,通过无产阶级革命,把私有制消灭,铲除人类历史上最后一个雇佣劳动制度——资本主义及其残余——作为"人的解放"的实现。

恩格斯在《共产党宣言》1888年英文版序言中写过这样一段话:"被剥削被压迫的阶级(无产阶级),如果不同时使整个社会一劳永逸地摆脱任何剥削、压迫以及阶级划分和阶级斗争,就不能使自己从进行剥削和统治的那个阶级(资产阶级)的控制下解放出来。"① 这段话表明,马克思、恩格斯对"人的解放"已经有了全新的革命性的认识。这就是说,共产主义的实现,人类的解放不是去追求无法实现的人的本质的"复归",而是只有通过工人阶级的解放才能实现;只有诉诸无产阶级革命,通过革命首先使无产阶级上升为统治阶级,争得民主来实现。这个解放意味着人类最后一个剥削制度的被粉碎。

那么,决定马克思这一转变的关键因素是什么呢?是他心中蕴藏着的关于"人的本质"看法的突变吗?当然不是这样的。根本上还是社会存在决定社会意识。正如恩格斯所说,1844年还没有现代意义上的社会主义,而到了1848年,经过这短短的四年,风起云涌的工人运动就使得成熟的马克思主义文献《共产党宣言》得以诞生。

就在马克思写作《手稿》的最后阶段(《手稿》写于1844年4月至8

---

① 《马克思恩格斯选集》第1卷,人民出版社2012年版,第385页。

月），1844年6月，普鲁士王国爆发了西里西亚纺织工人的起义，7月底，马克思写了一篇论文《评"普鲁士人"的〈普鲁士王国和社会改革〉》，高度赞扬了西里西亚织工起义的英勇，认为过去的"法国和英国的工人起义没有一次像西里西亚织工起义那样具有如此的理论性和自觉性"①，即由他们当时流行的那支革命歌曲，也可以看见他们是怎样坚决地反对私有制，表明他们怎样意识到无产阶级的本质。文章还指出："一般的革命——推翻现政权和破坏旧关系——是政治行为。而社会主义不通过革命是不可能实现的。社会主义需要这种政治行为，因为它需要消灭和破坏旧的东西。"这里就较为明确地指出了社会主义革命的方针和目的。

接着，马克思因为对《手稿》"自己还感到有许多不满意的地方"，因而搁笔不愿意继续写下去，便在8月底到9月初和恩格斯合作写了他们的第一部著作《神圣家族》。在该著作中，马克思已经大大地克服了费尔巴哈人本主义，向着唯物主义前进了一大步。如恩格斯所说："这个超出费尔巴哈而进一步发展费尔巴哈的工作，是由马克思于1845年在《神圣家族》中开始的。"② 在这部著作中，有一个突出的论点是，提出了无产阶级在社会革命中的历史作用，强调了无产阶级能够而且必须自己解放自己。

在《神圣家族》之后大约三年时间里，马克思在《关于费尔巴哈的提纲》《德意志意识形态》《哲学的贫困》直至《共产党宣言》等著作中，逐步形成了我们今天熟知的历史唯物主义。《共产党宣言》的发表标志着马克思主义的正式创立。人类的解放也便提上了议事日程。

---

① 《马克思恩格斯全集》第1卷，人民出版社2012年版，第483页。
② 《马克思恩格斯选集》第4卷，人民出版社2012年版，第247页。

第三辑　人的解放

其实，在马克思主义产生以前，空想社会主义者就提出过"人类解放"的口号，但他们不懂得实现人类解放所必需的社会条件。马克思主义以唯物史观揭示了社会历史发展的规律，科学证明了人类解放是无产阶级共产主义革命的最高目的，是人类社会从低级向高级发展的必然结果。历史上新旧社会形态的每一次更替，历史发展中的每一次进步，人类都争到一定的自由，获得某种程度的解放。但是，人类的解放程度是受社会发展状况、具体的社会历史条件制约的。在以私有制为基础的社会关系没有消灭以前，劳动者的大多数受社会关系的异己力量所统治，还处在必然王国之中。只有推翻剥削制度，经过社会主义社会，进而过渡到共产主义社会，才能实现全人类的彻底解放。

那么，全人类解放的基本条件是什么呢？这就是，生产力、科学技术高度发展，社会产品极大丰富；阶级差别彻底消灭，工农之间、城乡之间、脑力劳动和体力劳动之间的差别逐渐消失，人们在一切社会生产生活领域中实现平等，劳动不再是沉重的负担，而成为生活的第一需要，产品实行各尽所能、按需分配的原则，作为阶级统治工具的国家最终消亡，民族的界限趋于泯灭而逐渐融合为全人类的共同体，全体社会成员普遍树立起共产主义思想和道德品质，普遍受到高质量的教育，人们过着高尚的、丰富的精神文化生活，智力、体力和个性在同整个社会相和谐的前提下得到自由的、全面的发展。

全人类解放和无产阶级的解放是统一的过程。无产阶级所承受的剥削制度的枷锁最为沉重，因而它具有同一切传统的所有制关系和传统观念彻底决裂的革命性，同先进的社会生产力相联系，具有积极的进取精神和严格的组织纪律性。它本身没有特殊的利益，它的阶级利益同社会发展和人类进步的利益是一致的。无产阶级的历史使命是解放全人类，人类解放只有通过无产阶级的解放才能实现，因此，无产阶级只有解放全人类才能最终解放自己。

但是，我们同时必须指出，当马克思还没有发现人类历史的发展规律而获得历史唯物主义观点，他的哲学思想只有一般的唯物主义的世界观，甚至还有浓厚的费尔巴哈人本主义的时候；当马克思还没有发现现代资本主义生产方式和它所产生的资产阶级社会的特殊的运动规律而阐明剩余价值，他的经济学思想还只看到现代社会的生产和消费脱节、富有和贫困悬殊的时候；当马克思还没有掌握上述两种客观规律并进而创立无产阶级专政的理论，把共产主义只是看作私有财产的积极扬弃的时候——他的思想就不能认为是成熟了的马克思主义。

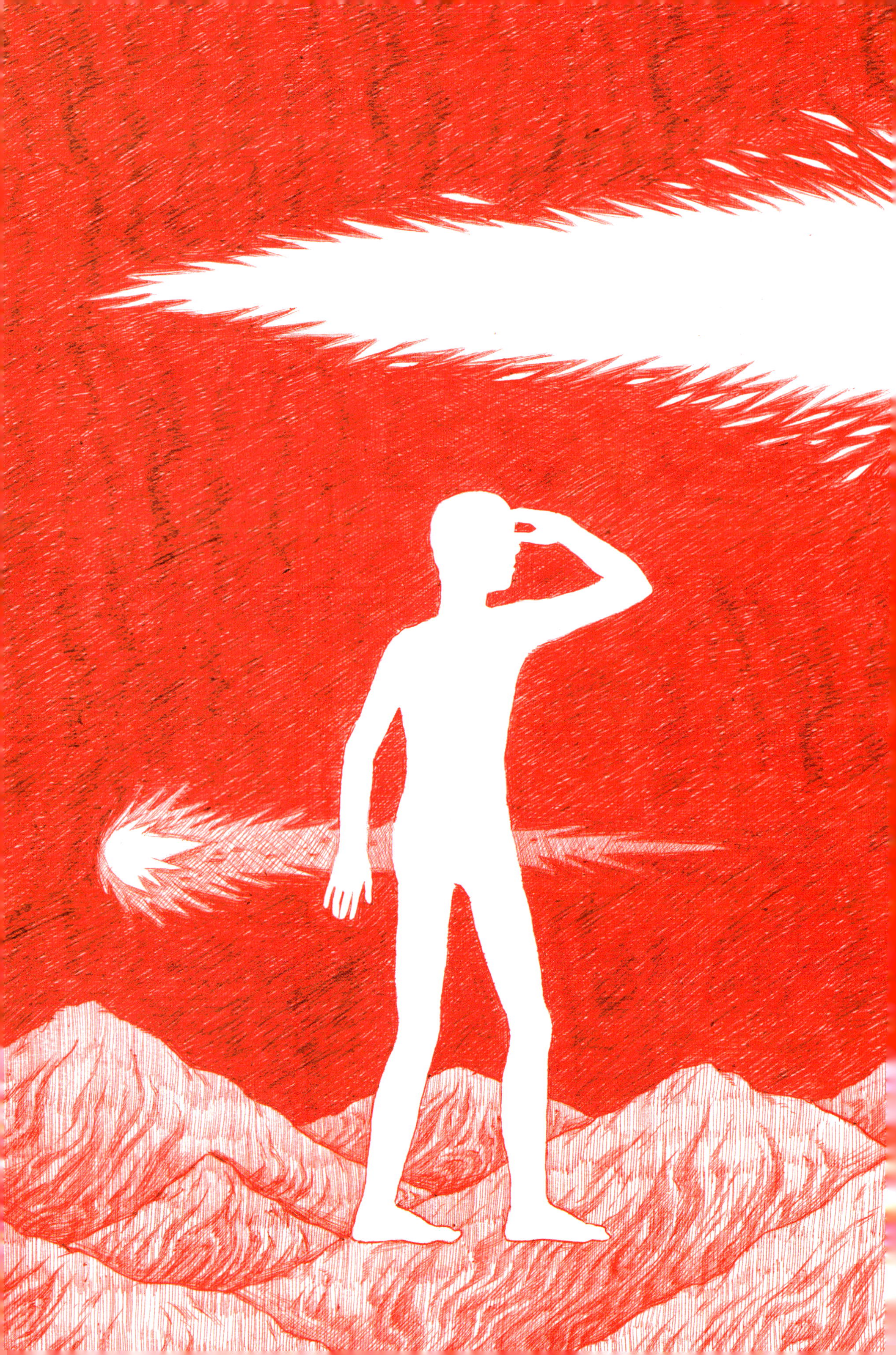

主要参考书目

1. 康德:《实践理性批判》,商务印书馆 2009 年版。
2. 黑格尔:《小逻辑》,商务印书馆 2019 年版。
3. 列宁:《哲学笔记》,人民出版社 1990 年版。
4. 黑格尔:《哲学史讲演录》第 4 卷,商务印书馆 2017 年版。
5. 《费尔巴哈哲学著作选集》上下卷,商务印书馆 1984 年版。
6. 《马克思、恩格斯、列宁、斯大林论德国古典哲学》,商务印书馆 1972 年版。
7. 郑涌:《马克思美学思想论集》,中国社会科学出版社 1985 年版。
8. 《美学基本原理》,上海人民出版社 2010 年版。
9. 北京大学哲学系外国哲学史教研室编译:《十八世纪—十九世纪初德国哲学》,商务印书馆 1960 年版。
10. 蔡仪等:《马克思哲学美学思想研究》,湖南人民出版社 1983 年版。
11. 萨特:《存在主义哲学》,中国社会科学出版社 1986 年版。
12. 让·华尔:《存在主义简史》,商务印书馆 1962 年版。
13. 王克千等:《存在主义述评》,上海人民出版社 1981 年版。
14. 李泽厚:《论康德黑格尔哲学》,上海人民出版社 1981 年版。
15. 《马克思哲学美学思想论集》,山东人民出版社 1982 年版。
16. 康德著《判断力批判》,商务印书馆 2017 年版。

17. 黑格尔：《美学》第 1 卷，商务印书馆 2017 年版。
18. 朱光潜：《西方美学史》，人民文学出版社 2017 年版。
19. 蒋孔阳：《德国古典美学》，商务印书馆 2017 年版。
20. 高楠：《蒋孔阳美学思想研究》，辽宁人民出版社 1987 年版。
21. 李泽厚：《美学三书》，天津社会科学院出版社 2003 年版。
22. 文艺报编辑部编：《美学问题讨论集》第二至六集，作家出版社。
23. 马克思：《1844 年经济学—哲学手稿》，人民出版社 2018 年版。